JN058179

ホントのコイズミさん

NARRATIVE

小泉今日子

303
BOOKS

#コイズミさん Outfit of The Day

CONTENTS

本書は、 Spotify オリジナル Podcast 番組『ホントのコイズミさん』の内容を加筆訂正し、再構成したものです。

Chapter

1

2021.05.31 / 06.07

宮藤 官九郎

Kankuro Kudo

宮藤官九郎（くどう かんくろう）
脚本家・監督・俳優。1991年より劇団「大人計画」に参加。映画『GO』で第25回日本アカデミー賞最優秀脚本賞他多数の脚本賞を受賞。以降もテレビドラマ「木更津キャッツアイ」「あまちゃん」「いだてん〜東京オリムピック噺〜」など話題作の脚本を手掛ける。05年「真夜中の弥次さん喜多さん」で長編映画監督デビューし、新藤兼人賞金賞受賞。パンクコントバンド「グループ魂」では“暴動”の名でギターを担当している。

今回のゲストは、脚本家の宮藤官九郎さん。NHK連続テレビ小説『あまちゃん』や大河ドラマ『いだてん〜東京オリムピック噺〜』など、宮藤さんが手掛ける数々の作品に出演するコイズミさんと、これまでについてあれこれ語らいました。

10年ぶりの対談!?

小泉 いつもは本屋さんだとかその人のオフィスとかに行って自由に話をするんですけど、今日は様子が違うんですよね。立派なスタジオできちんとヘッドフォンをして、マイクがそれぞれにあってアクリル板に隔たりを感じながら。こうやってお話ししたことってあるんだっけ？　ラジオでは初めてかな？

宮藤 初めてです。あ、宮藤官九郎です。すいません。

小泉 これから言おうと思ってたのに（笑）。

宮藤 あ！　対談1回ありますよ。原宿で写真撮って……。

小泉 あ、そうそう！　『SWITCH』の「原宿百景」っていう、私の連載の中で原宿についてお話ししたんだ。

宮藤 そうです。で、修学旅行生が必ず行く駅前の古着屋みたいなの、なんて言うんですかね？

小泉 コインロッカーとかがいっぱいある所で。

宮藤 写真撮りましたね。

小泉 そうでした。結構前ですよね。

宮藤 『あまちゃん』のあとですから。『あまちゃん』のロケ地で原宿使ったからっていうんで。

小泉 そっか。『あまちゃん』て、2013年？

宮藤 放送ですね。

小泉	『あまちゃん』が終わって結構経ったのね！ のんちゃん、会うたびに大人になっていて、きれいになったなと思って。
宮藤	小泉さんに最初に出演していただいた『マンハッタンラブストーリー』から『あまちゃん』まで、10年あるんですね。
小泉	そんなにあるんだ？ その間とくになかったんだっけ？
宮藤	とくになかったんですかね。
小泉	でも『うぬぼれ刑事』にちょっと出させてもらったりとか。
宮藤	そうですそうです。「うぬぼれ」出ていただきました。
小泉	あと、宮藤さんの舞台の、声だけ録りに行ったり。
宮藤	そう、『R2C2〜サイボーグなのでバンド辞めます！〜』の女の子の。平岩（紙）さん演じるアイドルが、歌が下手なのに急に歌えるようになるっていうシーンで。
小泉	サイボーグなんだよね、紙ちゃんが演じるアイドルが。声も全部サンプリングで、理想のアイドルの声にするみたいなのを。
宮藤	ああ！ そうです。
小泉	森山未來君が天才の役で。
宮藤	未來君が歌ったんだ、そうだ！
小泉	未來君が歌ったのをサンプリングして私の声になるっていう。
宮藤	そうです！
小泉	私のほうが覚えてるじゃないですか（笑）。
宮藤	あはははは！ そのときに「小泉さん、もうちょい語尾をしゃくって歌ってもらっていいですか？」って言ったら「あ、松本伊代さんみたいにやれってことね」って言われたのをすごく覚えてます。
小泉	それで、スタジオで2、3曲。楽しかったです。
宮藤	歌っていただきました。『恋の東京ロンリーサイボーグ』っていう曲でしたね。
小泉	そうそう。それとハンバーグがどうのこうのっていう曲と、

何曲か歌ったんですよ。それで（片桐）はいりさんと皆川（猿時）君が控えてて。

宮藤 バックダンスで。

小泉 レコーディングのときにバックコーラスで。（松田）龍平君も出てたんだよね、あのとき。

宮藤 そうです。龍平君がサイボーグの役で、未來君がプロデューサーの役だったんです。今回がそのシリーズの4作目で、のんちゃんに出てもらうんですよ。『愛が世界を救います（ただし屁が出ます）』っていう。これいろいろな人にチラシ渡すんですけど、絶対タイトル言ってくれないんです。「R2C2」は2044年が舞台だったんですよ。で、次が『高校中パニック！小激突!!』。

小泉 それ大好きだった。2回観にいっちゃったもんね。

宮藤 あれは2022年が舞台だったんですよ。で、その次の『サンバイザー兄弟』ってやつが2033年。で、今度は2055年っていう。11年おきに、ちょっとスターウォーズみたいにやろうかなと思って。

小泉 へえ、2055年って……。

宮藤 計算したら、僕が85歳でしたね。

小泉 うわあ、じゃあ私90、もう死んでるな。

宮藤 赤木春恵さんのようになっているころだと思います。

小泉 あはは！　そうですね。プロデューサーの磯山（晶）さんが、ふく子みたいになっているってことですよね。

宮藤 そう、石井ふく子。

小泉 石井ふく子みたいになってて。

宮藤 僕が橋田壽賀子。小泉さんが赤木春恵になっている時代ですよ。

小泉 そうですね、わかりました。わかりましたって、何がわかっ

たのか（笑）。

宮藤　「渡る世間（は鬼ばかり）」をやってるとしたら。

小泉　やってるとしたらね。

『あまちゃん』の舞台裏はハプニングの連続！

小泉　のんちゃんは『あまちゃん』以来初めてですよね、宮藤さんのお仕事。宮藤さんのセリフをのんちゃんが言うの楽しみだな。『あまちゃん』もやっぱり彼女がいたからキラキラしましたよね。のんちゃんてそのころは、今もちょっとそうだけど、すごく人見知りだし。人見知りのようで急に大胆だったりとか、変な子なんだけど（笑）。

宮藤　そうですね、うん。

小泉　急に押しが強くなったりするときもあるじゃないですか。でも、あんまり人と喋んなかったりして。『あまちゃん』のときは大人たちが「前室」っていう大きいソファーで、もううるさいわけね。演劇の人が多かったじゃないですか。

宮藤　そうですね。演劇の中でも……。

小泉　うるさいほうの。

宮藤　重症の人たちが多かった（笑）。

小泉　重症の人たちが（笑）。まず渡辺えりさんがいて、木野（花）さんがいて。でんでんさんっていうクセ者がいて、ずうっと喋ってる。で、ときどき平泉成さんがやってきて、ずっと喋ってるんですよね。それで荒川良々君と私が、なんとかまとめるっていう役をして。

宮藤　よっぽどな現場ですよねそれ（笑）。荒川君と小泉さんがむしろペーペーというかいちばん下ですもんね。

小泉　そうです。「はいはい、えりさん呼ばれたよ」とか、そういう

感じで（笑）。あのときいっぱい事件があって、ほんとおか しくて。ロケで久慈のほうに行ってたじゃないですか。はい りさんが演じる「あんべちゃん」が東京に出て行くシーンで、 みんなでホームで見送るんだけど、カオスでしたね。あれ 反対側から動画撮ってたら、すごくバズったと思うぐらい の出来事が（笑）。まず、本番は1回しかできないじゃない ですか、運行中の電車を使うので。

宮藤　　そうですね。ホームでやってるんですもんね。

小泉　　木野さんが、はいりさんに菓子折りを渡すっていう段取り だったんだけど、何度もリハーサルして万全でやったのに 本番始まったら持ってなくて（笑）。

宮藤　　あはは！

小泉　　木野さん、演劇の人だから無対象でやっちゃう！　あはは！

宮藤　　あははははは！　すごいなあ。

小泉　　しょうがないから、はいりさんも無対象で受け取ったのね。

宮藤　　すごいですね。パントマイム。

小泉　　舞台の人って、舞台上でアクシデントが起こったときに、そ ういう機転を利かせたりするじゃないですか。

宮藤　　やりますね、うん。

小泉　　それが仇になった感じで（笑）。そのあとに電車が走りだして、 みんなで手を振ったりしてて、ヤヨイ役のえりさんが誰より 別れを惜しんで、手を振りながら電車を追いかけてるんだ けど、電車を追い越して先に走ってて（笑）。電車よりも先 に出ちゃったからさ、電車先導してて「あれ？」って言って。 死ぬかと思いました笑いを堪えるのに。そういうこといっぱ いあったんですよね。

宮藤　　のんちゃんとか橋本愛さんとか、そういう現場にいてどう思 ったんですかね。大人になるってしっかりするもんだと思

ってるじゃないですか。でも『あまちゃん』に出てた人たち見てたら、やっぱりこの世界って、大人になるとよりめんどくささが研ぎ澄まされていくんだって。

小泉　そうそうそう、めんどくささが研ぎ澄まされていく。

宮藤　ですよね。

自己プロデュースの始まりは？

宮藤　最近どうされてるんですか小泉さん。

小泉　ちょこちょこ役者の仕事だとか歌手の仕事だとかをしながら、映画とか舞台のプロデュースもしてるので、影でへっぽこプロデューサーぶりを発揮してるっていう感じですかね。

宮藤　もうだいぶやってますよね。

小泉　まあ結構。2015年から始めているので。舞台は何本か重ねてますし、映画も去年1本やってるけど、難しいね。

宮藤　現場にいるんですよね？　小泉さんが。カメラの側じゃなくてモニターの前とかに。

小泉　モニターの前にいたりとか、シーバーしてます。

宮藤　あははは！　「何ー？　今どうしたのー？」とか？

小泉　そうですね、みんなの動きを聞きながら。

宮藤　おもしろいですね。「今日○人だからお弁当○個」とか？

小泉　舞台のほうはそれありますね。映画のほうってわりとお弁当のことは制作さんに任せられるけど、舞台って少人数でやってるじゃないですか。だから、「どうします？　お弁当、毎日変えたほうがいいですよね」「これとこれとこれがいいんじゃない？」みたいな、そういうのを会社の制作担当の子と。

宮藤　あははは！　何をきっかけにそれをやろうと思われたんですか？

小泉　私、いい大人にたくさん出会ってきたんだと思うんです。歌手のときから「自己プロデュース」をすごくさせてもらっていて、それも、誘導してくださったんですよね、まわりの大人が。「アルバムつくるけど、レコードのB面だけプロデュースしてみなよ」とか、騙されたんだと思うんだけど「○○に歌詞を頼もうと思ってたんだけど、急にできなくなっちゃったんだって。どうする?」とか言われるの。私がいつも自分のことを「あたし」って言ってたから、ディレクターの方も私のこと「あたし」って呼んでたんですけど、「あたし書く? べつに喋ってるんだから書けるんじゃない?」って。

宮藤　わあ、すごいですね。

小泉　それで同世代の作曲家の井上ヨシマサ君と3人でちょっとこもって1曲つくったら「できたじゃん」って言って、それからは普通に「この曲書けば?」って。

宮藤　もう作詞も。

小泉　そう。そうやって教えてもらって。例えばライブのビデオも「編集やったら?」って。

宮藤　それって公にしてたんですか? 編集もやってたこととか。

小泉　「小泉今日子無責任編集」とか「半分編集」とか、そういうのは公にしてて、ファンの人だけ知ってる感じ。コンサートの演出も「やったらいいじゃん! どんなセットがいいの?」っていう感じで、すごく鍛えられたので。そうやって教えてもらったことって、私の人生にとってすごく助けになったし、仕事の楽しみとか、自分がどんなことが好きかとかをすごく教えてもらえたから。それをどこかで還元していきたいって思ったの。他の人に対して、そういう大人になりたいと思って。

宮藤　「やってみなよ!」みたいな。

小泉	そう。「考えてみたらいいじゃん」って。だからまず舞台とか、音楽のイベントとか、そういうのができる体制をつくってみようと思って。で、会社をつくったんです。
宮藤	そういうことだったんですね。
小泉	だから今も、自分の会社でつくってる舞台ももちろんあるけど、まったくお金とか関係なく、友だちが「こういう活動をしたい」って言ったときに、仲間としてアドバイスしたり衣装探しに行ってあげたりとかをやってます。
宮藤	じゃあまあ若いときからやってたっていうか、見てはいたってことですよね、そういうの。
小泉	そうですね。だからアルバムのコンセプトも、もう21、2歳くらいから自分でやってて。本当にいい人たちに恵まれていたと思うんですよ。
宮藤	そうですね、自由に泳がせて。
小泉	泳がせてくれてたから。あとライターのおばさんもかわいがってくれて、夜、おばさんの家に原チャリで行って、お茶をごちそうになってしばらく喋ったりとか。そういう人がいっぱいいたんですよ。
宮藤	自分も若い人にとっての、そういう大人に。
小泉	そう。なりたいと思って。
宮藤	そういうことなんですね。
小泉	そうなんです。だからたまに若い女子がうちに来たりします。

「逆行」するコイズミさん

宮藤	小泉さん、下北沢の「駅前劇場」の舞台に出たじゃないですか、何年か前に。僕らって最初が駅前劇場なんですよ。駅前劇場とか、それこそ下北沢の「ザ・スズナリ」とか、も

っとちっちゃいとこでやってて。だんだんだんだん「本多劇場」に出たり、いろんな他の大きな劇場に出たりとかして、で、映像の仕事をするじゃないですか。小泉さんが駅前劇場に出てるのを観たとき、逆のほうに行ってる感じがすごくおもしろいなと思ったんですよね。

小泉　あのね、今本多グループを全部塗り潰していこうと思って。本多劇場はもちろん何回も出させてもらって、駅前（劇場）にもマルがついて、スズナリも劇団『椿組』で出て、自社の作品を「小劇場楽園」でやったんで……、

宮藤　ああ、本多グループの下北沢の８つの劇場を。

小泉　今４つです。スタンプラリーみたいな感じで。

宮藤　おもしろいですね。音響をご自分でされてるっていうのも。我々は普通に稽古場でやってたじゃないですか、小劇場で。

小泉　逆行してるのね。

宮藤　松尾（スズキ）さんの演出助手やってたときに、ラジカセでボリュームをフェードアウトしたりとか、そういうのから始まってるんで。

小泉　宮藤さんはそもそも『大人計画』さんには、スタッフ志望で入ったんですか？

宮藤　そうです、文芸部っていう。『WAHAHA本舗』の村松（利史）さんがプロデュースで放送作家の加藤芳一さんが演出だった松尾さんの公演があったんですけど、それを大学のときに裏方で手伝ったんですよ。そのときの脚本がすごくおもしろくて。それで『大人計画』を知って観にいくようになって、なんとなく関わりたいけどどうやって関わったらいいかわからなくて。そしたら当日チラシで文芸部を募集してたんです。「文芸部って何するんだろうな」って思って、大人計画の代表の電話番号にかけたら、松尾さんが出て。松尾

さんの家だったと思うんですけど。「書いたり演出したりするんだよ」って言われて「じゃあ書いたり演出したりしてみたいんですけど」って。「じゃあなんか書いたの持ってきてよ」って言われて、そのときちょうど書いていた戯曲があったのでそれを持っていった。で、読んでもらって、それで手伝うようになったんですよ。

小泉　それまではそういう勉強をしてたんですか？

宮藤　日大芸術学部の放送学科で一応やってはいたんですけど、だからといってべつに台本を書いてはいなかったんです。そのころは僕、舞台の裏方とか大道具のバイトをしてたんですよ。

小泉　ああ、そっか。

宮藤　そのときの先輩に「今は景気いいから裏方で食っていけるようになるけど、それでいいのか？」って言われて「うーん、どうかな」って思ってたら、その人も劇作家というか脚本を書いてる人だったんですけど「なんか書いて持って来いよ」って言われて。それで書いたやつがたまたまあったんですよ。

小泉　なるほどね。

宮藤　　そのころは、下北沢にばっかりいたっていうか、下北沢以
　　　　外の人と関わらなかったから、下北に行くと柄本明さんが
　　　　ウロウロしてて……。

小泉　　ウロウロしてる、いまだに。

宮藤　　いまだにですけど（笑）。松尾さんちでよく仕事してたりと
　　　　かしてて。

小泉　　松尾さんもそのときは下北にいたんだ。

宮藤　　下北にいて。だからあそこだけ、自分の中でなんか別空間
　　　　みたいな。だからすごくびっくりしたんです。駅前劇場に小
　　　　泉さんが出ているっていうことに。

小泉　　逆行してるから。

宮藤　　そう「なんでいるんだろう」ってずっと思いながら（笑）。

小泉　　後悔することって言ったら、私、人並みの青春時代を過ごし
　　　　してないんですよね。やっぱり。

宮藤　　え、そうですか？

小泉　　15歳で事務所に入って、そりゃもちろんね、ちゃんとお友
　　　　だちと遊んだり、仲間が増えていったり恋愛をしたりってい
　　　　うのはしてるけど。下積みとか無いの。アルバイトもしたこ
　　　　と無いのね。

宮藤　　いまだにですか？　ああ、当たり前か。「Uber Eatsやってます」
　　　　って言われたらびっくりしますけど。

小泉　　「コロナでねー……」みたいな（笑）。中学生のときに事務所
　　　　に入っちゃったから。それから高校に入ってデビューまで1
　　　　年あるんですけど、学校が終わってからレッスンに通って
　　　　たんですよね。東京まで週に1、2回。だからアルバイトとか
　　　　か全然することができなくって、いきなり大人たちと仕事を
　　　　始めた。駅前劇場に初めて出たときに……劇団って劇団員
　　　　が全部暗転とかもやるじゃないですか。

宮藤	あの、転換ね。椅子出したりとか。
小泉	舞台中に椅子を出したり、しまったりとか。稽古のときに劇団員の人が転換の段取りを考えていて「あ、手が足りない！」って言ったから「じゃあ私が」って、ビールの缶をひとつはけることになったときに、ちょっと嬉しかったですね。
宮藤	はははは！　ああ、そうですよね。
小泉	なんかこう「仲間！」って感じがして。
宮藤	「やった！　私もやってる！」みたいな。
小泉	そう。「私、持てますよ」って。
宮藤	そうかあ、それをいかにやらないで……っていうふうに考えてましたからね。20代のころは。
小泉	みんなはそっちに向かっていくけど、私はあとからちょっとずつ、埋めたかったの。知らないことを。罪悪感みたいなのがあったんですよね。
宮藤	あ、やってないっていうことに？
小泉	そう、知らないってことに。あと悔しさもあったんですよね。「どうせもうスターだからね」みたいな感じもあるじゃないですか人って。
宮藤	ああ、はいはいはい。
小泉	だから1個ずつ埋めていこうって25、6ぐらいから思って。ちょっとずつ埋めていって、やっと演劇に辿り着いた感じかもしれないですね。
宮藤	そうですね。劇団つくったみたいなもんですもんね。中村勘三郎（18世）さんもそういうこと言ってましたよね。

飛び込みたかった勘三郎さん

小泉　勘三郎さんは、もっと大きい思いだよね。子どものときから
　　　やっぱり歌舞伎役者になるって決まってて、お稽古を重ね
　　　て。だからときどき、背中を見て切なくなる感じが勘三郎さ
　　　んにもありましたよね。

宮藤　そうそう。「スズナリと駅前で歌舞伎やりたい」ってずっと
　　　言ってましたよね。だから、向こうは向こうでコンプレック
　　　ス持ってるんだなって。

小泉　そうなんだと思う。埋めたいって。自分もそこに立てるんだ
　　　というか、上に立ってるわけじゃないっていうのをわかって
　　　ほしかったっていうのが勘三郎さんは私よりもっとあった
　　　んじゃないかなって思う。だから『ニンゲン御破産*』に出てさ、
　　　チラシでも全身タイツ着てすっごく一生懸命やっててさ（笑）。
　　　「ああ、頑張れ頑張れー！」と思って見てた。

宮藤　ああ、今思えばそうだったんですよね。なんというか、飛び
　　　込みたかったんでしょうね。

小泉　うん、思いっきり飛び込みたかったんだと思う。あ、宮藤さ
　　　ん歌舞伎も書いたじゃない？　だからそうやって繋げたか
　　　ったと思うんだよね。いろんな人を。

宮藤　ああ、知らない人を。

小泉　そう。「こっちにもおいで、自分も行きたい」みたいな感じで。
　　　あれおもしろかったですよね。『大江戸りびんぐでっど』、
　　　ゾンビのやつね。

---

*ニンゲン御破産：松尾スズキが 2003 年に中村勘三郎（当時は勘九郎）に当てて書いた、松尾スズ
キにとって唯一の時代劇。その後、「御破産」を「御破算」に変え、2018 年に再演された。

宮藤	そうですね、大変でしたけどね。大変っていうか「あっ、お客さんって途中で帰るんだな」って。
小泉	純粋に伝統的な歌舞伎が好きな人は「ちょっと……」ってなるのかな？
宮藤	歌舞伎座のさよなら公演だったんですよ（笑）。「もう建て直すから3年くらい歌舞伎座閉めますよ」っていう最後の公演の何本目かだったんで、「観納めだ」って来たお客さんが「これは観なかったことにして帰ろう」みたいな。早めに退散してました。演目にゾンビがどんどん出てくるんだけど、ゾンビと同じぐらいのテンポで帰っていかれました。
小泉	でも勘三郎さんはすごく楽しんでたし「それでいいんだ」って言ってましたけどね。
宮藤	そうなんですよ。味方になってくれたっていうか、守ってもくれましたし。
小泉	そうね。そういう男気すごくありましたよね。
宮藤	だからそのあと、より歌舞伎を観にいくようになって、僕。こっちはこっちで、やっぱりできるだけ勉強したいっていうか。
小泉	ね。わからず行ってるんじゃなくてね。勘三郎さんから急に電話かかってきて「何日までこれやってるんだけど、なかなかやらない演目だからさ、それだけでも観に来なよ」って誘ってくれたりして、私も結構観た。席を取ってもらうのは悪いなと思って、勝手に「松竹歌舞伎会」に入ってチケット取って、目立たない席でこっそり観てても、目ざとく見つけて。あの人、舞台の上から名指しをするんですよね。
宮藤	ああ、しますね。
小泉	「うわ、見つかった！」みたいなことをよくやってました。
宮藤	そうなんですよ、俺も1回あります。言わないで観に来たのに、次の幕で出てきたときにはもうわかってて、軽くいじられた

りとかしました。

小泉　そうでしょう？　目ざとく見つけてくださって。

宮藤　勘三郎さんは出られなかったんですけど『天日坊』っていうコクーン歌舞伎をやってるときに、勘三郎さんから着信があって。「すごく良かったから、直接話したいから折り返し電話くれ」って伝言があって電話したんですよ。ほめてくれるかなと思ったら「あそこが良くない、あそこが良くない」ってずっとダメ出しで。「あれ？　ほめてくれないんだ？」って。自分の息子たちが出てるから「いやありがとう、いや良かったよ。うちの子たちは良かった。でもあそこがね、あそこがね、なんだあれは！」とかって言われて「はいすみません、すみません！」って（笑）。それって悔しかったんだと思うんですよね、自分が出られなかったのが。しかもたぶんおもしろかったからだと思うんですけど。次は、桟敷席に変装して観に来たらしいんですよ。

小泉　へえ！

宮藤　「Bunkamuraシアターコクーン」が渋谷だからだと思うんですけど、キャップかぶって、ちょっとダボダボの。

小泉　普段着ないようなの着て（笑）。

宮藤　チーマーみたいな格好して桟敷に座ってた。もう（中村）獅童さんとか一発でわかったらしいんですけど。長野県松本市の公演が最後だったんですけど、勘三郎さんからメールが届いて、見たら「出ちゃった」って言って（笑）。衣装着て、最後舞台の上でもう……。

小泉　あははは！　出ちゃった。

宮藤　最後にちょっと振り返るだけの将軍様の役があったんですけど、それをやったって。衣装を着た写真が送られてきて「結局出るんだ！」って思って。それぐらい、本当に自分が出た

い人でしたよね。なんか、もういいじゃんってこっちは思う じゃないですか。「もう勘三郎さんなんだからいいです！」 って思うんだけど、そんなこと絶対無いですもんね。

介護をテーマにした『俺の家の話』

小泉　そうだ、私観てましたよ『俺の家の話』。もうね、私の長瀬（智 也）愛ものっけて観てたから、大変でした。

宮藤　ああ、そうですよね。

小泉　悲しかったり、嬉しかったり。最後もうヤバいじゃないですか。

宮藤　そうなんですよ。これはあとがきにも書いたんですけど、も ともと決まってたラストだったんですよあれが。

小泉　あ、そうなの？　え、鳥肌立っちゃった。

宮藤　「俺の家の話」って始まって、最後のナレーションが「俺の いない、俺の家の話だ」って言うふうに決めてて。「プロレ スの話だから、リング上での事故で亡くなったってことにし ましょう」って言ったあとに、長瀬君が引退することが決ま って。あまりにも現実とリンクするから、あてつけみたいに なっちゃってもいやだなって思ったんで……、

小泉　そうね、そういうふうに思われちゃうっていう。

宮藤　「現実とリンクし過ぎるから、ちょっと違う結末思いついた ら変えてもいいですか？」って磯山さんに言って「まあそう だね。べつにそれ決まりじゃなくてもいいんじゃない」って 言われて。で、考えてたら長瀬君がそれ聞いて「べつにい いじゃん、変えなくて」と。「あの終わり方いいから、気に入 ってるからいいんじゃない？」って言って。それで「じゃあ そのまんまやるかぁ」って、変えなかったんですよ。

小泉　そうなんだ。

宮藤	うん。でもなんかね、ちょっと引導を渡すみたいな感じになっちゃうかなとか。
小泉	引導を渡すっていうようには私は受け止めなくて、本当に愛を感じたんですよね。もしかしたら長瀬君は、これからまた表に出てくるかもしれないし、出てこないかもしれないしっていう状態で我々は見ているわけじゃないですか。
宮藤	はいはい。
小泉	そのときに、「ちゃんと1回さよならを言ってくれるんだ！」と思って。泣いちゃいました。そういうふうに見えました。
宮藤	なるほど。
小泉	それがコンサートとかでもなくその役を通して。そこがなんか「長瀬って粋だな」って感じに見えたんですよ、すごく。
宮藤	ああ、それは良かったです。本人がクランクアップしたときのコメントも、本当にいつも通りで。
小泉	そうでしょう、きっとね。本人は言ってくれないから『俺の家の話』で寿一が言ってくれた、っていう感動だった。
宮藤	ああ、なるほどなるほど。言わないだろうなって思ったんですよ僕も。

宮藤官九郎
『俺の家の話』

小泉　ねえ。大仰なことは、本当にしないじゃないですか。

宮藤　そうなんですよね。

小泉　だから私は舞台つくったりだけど、長瀬君も今、なんか別の
　　　方法で逆行してるところなんだろうなって思いますよね。『俺
　　　の家の話』シナリオ本が出てるんだよね。

宮藤　今、絶賛発売中ですね。珍しく重版がかかりました。

小泉　本当にさ、「頭の中どうなってるの？」って。「いだてん」で
　　　もすげーなって思ったけど、プロレスと能と介護と、後妻業
　　　の女的な人と発達障害の男の子。すごかった。

宮藤　いやいやありがとうございます。

小泉　でも介護とか、子どものことだとかってね、きっとみんなが
　　　経験することだったりするから。

宮藤　そうですね。介護がテーマのドラマって、あるようでないっ
　　　ていうか。

小泉　そうだね、ドキュメンタリーとかはいっぱいあるんだけど、
　　　こんなふうに物語の中で、コメディとして、っていうのはな
　　　かなかないかもね。舞台とかだったらあるのかわかんないけど、
　　　ドラマだとなかなか。シリアスなのは……。

宮藤　ありますけどね。『恍惚の人』って森繁久彌さんがやった
　　　やつがあって、こないだ初めて劇場で観たんですけど。森

繁さんが60歳なんですよまだ。今で言ったらたぶんアルツハイマーなんですけど、演技をしてて役に入り込みすぎて、現場でも「ここに立ってください」とか言われないとそこに行けなかったりとかするぐらいだったって。

小泉　え、それは舞台でやってたんですか?

宮藤　いや、映画です。すごくおもしろかったんですけど。

小泉　パッケージ化されてなくて、リバイバルでやってたんだ。

宮藤　上映してて。モノクロだったんですけど、「ここまでやってたんだ!」っていうくらい。要するに下のほうも全部できなくなっちゃっててとか俳徊とか。「そうか、昔はあったんだ」ってそれ観て思ったんです。今、お茶の間でそれ観るのって辛いだろうなとも思うんですけど、「辛くない介護だったらドラマにしてもいいんじゃないかな」っていうふうに考えて、つくったんです。

小泉　寿一が父親を施設に連れてったときの演出もすごく良かった。

宮藤　はいはいはい、去り際の。

小泉　もう号泣しながら観てましたけど。

宮藤　ありがとうございます。あれ、演出良かったですよね。背中向けて。

小泉　そう。気持ちがわかっちゃって。

宮藤　預けるっていうことはべつに悪いことじゃないんだけど、置いてきちゃうっていう、その「俺、ここに置いて帰るのかよ」っていう情けない気持ちと。

小泉　そうなんですよ。それがすごくわかって。べつにね、お父さんも「楽しくやってるよ」って感じなんだけど、やっぱりその瞬間の切なさってあるからね。シナリオ本、私ももう1回読もう。宮藤さんのドラマは情報が沢山あるから、自分が1回でキャッチしてることが全部じゃない気がして復習した

いんですよね。自分もほら、何本か宮藤さんにね。『マンハッタンラブストーリー』『あまちゃん』『監獄のお姫様』「いだてん」とか。「監獄〜」は自分が出ていても何回も観たくなっちゃう。気がつくことが多いから。

宮藤　僕、「監獄〜」は書いてて本当に楽しかったですね。みなさんの言い合いとか、喋ってるのとか。

小泉　おばちゃんたちの。

宮藤　自分じゃ絶対に見れない世界なんですけど、「こうだったらおもしろいだろうな」っていう、あの会話とか。あとやっぱ『あまちゃん』の「喫茶リアス」のお客さんの、あのくだりとか。これだけで1本つくれたらいいのになって毎回思ってましたね。

小泉　私、演技があんまり上手じゃないってすごく言われてて。

宮藤　え、誰にですか?

小泉　2ちゃんねる（現5ちゃんねる）とか。私エゴサーチを平気でする人間なんで。

宮藤　あはははは!　すっごい。

小泉　これまでもドラマの時間にリアルタイムで見てて「下手くそ」とかすごく言われてたんだけど、「マンハッタン〜」以降言われなくなったんですよ。「マンハッタン〜」でやっと認めてもらえたんです（笑）。

宮藤　2ちゃんねるで。

小泉　2ちゃんねるで。

宮藤・小泉　（爆笑）

宮藤　ああ、良かった!　それは良かったです。

小泉　だから本当に私の俳優としての転機を宮藤さんにつくっていただいて。

宮藤　2ちゃんねるで評価が高かったということですね。

小泉　そうですね（笑）。

宮藤　あははは！　ありがとうございます。すいません。

膨大な資料を読み込んだ
『いだてん〜東京オリムピック噺〜』

小泉　脚本書くときってたくさん資料とか読むの？　物による？

宮藤　物によります。今回の『俺の家の話』だけで言うなら、介護関係の本は読みました。

小泉　能とかは？

宮藤　能はもう深入りしたらわかんなくなるから、1冊だけ、入門編みたいなやつを読んで。今はやっぱりネットでだいぶまかなえます。「いだてん」のときがいちばん大変でしたね。

小泉　大変でしたでしょうね。時代とあと実在する人たちで。

宮藤　そうなんですよ。1932年のロサンゼルスオリンピックのもらった資料が、その日誰が何を食べたかまで書いてあるんですよ。「誰がこれ見つけてきちゃったの!?」っていうぐらい、何時に予選があって、何時に誰それと一緒に会食して、この日誰がお腹壊してとか、全部書いてあるんですよ。

小泉　よっぽど同行した方も真面目な方だったんですかね。

宮藤　たぶんそうでしょうね。「田畑（政治）さんがどこでラジオの取材を受けて、こんなことを喋りました」っていうのも書いてあったり、あと最後に田畑さんが失脚する国会のやり取りとかも全部記録が残ってて。

小泉　そうなんだ。

宮藤　だから変えちゃいけないところが……。

小泉　結構あったんですね。

宮藤　あったんですよね。そうするともう資料を読むってことがただ憂鬱になるだけ（笑）。読んでもプラスになることがない

っていうか、答え合わせだとしたら「全部答え違いますよ」って言われるような、そのために読む、みたいになっちゃうんで。逆に言うと「いだてん」やる前ぐらいから終わるぐらいまでって、資料以外読んでなかったです本を。

小泉 読む時間もなかったよね。だってさ、私も「いだてん」出させてもらって、「美津子さん」っていう5代目古今亭志ん生の娘さんの役をやったんだけど、美津子さんをやるために美津子さんの本を読むわけじゃん。きっと実在の人物だと、あらゆる役者がそれをやってるわけで……。その役の分を宮藤さんは読んでると思うと、気が遠くなるよね。

宮藤 一応それぐらいの分は読みましたね。金栗（四三）さんの本も読んだし、志ん生さんの本も読んだし、荒川君の役の、2代目古今亭圓菊さんの本も読みましたからね。

小泉 それでさらにオリンピック側の人がたくさんいて。

宮藤 そうですそうです。田畑さんに至っては、田畑さんのまわりの人たちの「田畑さんてこういう人でした」っていう本しかないんです。だから「何言ってるかわかんなかった」とか「とにかく煙草をさかさまに咥えるのをよく見てた」っていうのを読んでは「じゃあ、それ使わせてもらおうかな」みたいな感じでしたね。もともとあんまり本読むの得意じゃないっていうか「本の虫」ではないんですよ。小泉さんは結構読まれるじゃないですか。

小泉 そうですね。私、本も読むし、画面も観てる、オタク気質です。宮藤さんは「この人に結構影響された」みたいなのって脚本を書く上であったりするんですか?

宮藤 筒井康隆さんと、つかこうへいさんの本はとりあえず読んでました、高校生のとき。つかこうへいさんのエッセイってすごく傍若無人で、「本当はここまでやってないだろうな」

みたいなことまで書いてある。ああいうのとかすごく好きだったし、筒井さんはとにかくデタラメで、『俗物図鑑』がすごく好きで読んでました。「表現ってこういうこと言っていいんだ、やっていいんだ」っていうのを、無意識に勉強してたのかもしれないっていうか、経験してたのかもしれないですね。

小泉　私も星新一さん読んで「そういうこと考えていいんだ、そういうこと思い浮かべていいんだ」って思ったりしました。

宮藤　そうですよね「間違ってないんだ！」とか。ときどき心配になってたんですが「俺ってちょっと変なんじゃないかな」とか。

小泉　「私おかしいのかな？」とかね。ずっと子どものころに「自分が今ここで生きてるけど、自分が自分を動かしているとは思えない」と思ってたんですよ。「たぶん違う次元にもうひとりいて、その人が動くから私が動くんだ」って。あと「ベッドに寝てるときに自分の今の体の足はここまでしかないけど、本当はもっと先まであるはずなんだ」とか。「私おかしいのかな？」って思ってたことを、本を読んで「そうやって想像するっていうのはべつにいいんだよね？」みたいに。

宮藤　ですよね。肯定してくれるというか。僕も「俺以外の家族が全員グルになって俺を騙してる」ってずーっと思ってて。

小泉　あ、それも感じたことあった。

宮藤　ありますよね。「俺が部屋から出たときに、なんか、悪い相談をして」とか「もしかしたらそれこそ宇宙人なんじゃないか」みたいに思ってたんですよ。

小泉　そうそうそう！　私が自分の部屋にいると、外では全然違う形になってるんじゃないかとか。

宮藤　だから茶の間に音をさせないで行ったら、慌てるんじゃないかとか（笑）。逆にわざと音を立ててびっくりさせてやろ

うとか。そういう感覚って大人になるとなくなっちゃうもんですね。今もう、そういうので商売しちゃってるからってのもあるけど「こうだったらおもしろいな」っていうのは、昔のほうがもっと自由だったっていうか。

小泉　自由でしたね。

宮藤　そういうちょっとシュールって言われる漫画とか小説を読んで「ああ、なんだ。いいんだこういうの」って思ってました。

小泉　そうですね。シュールとか、ナンセンスとかね。そういうのを本とか漫画とかで学びましたよね。

宮藤　今……って言っちゃうと自分がジジイになったみたいでいやなんですけど、今、映像が追い付いちゃったじゃないですか。

小泉　そうだね、できちゃうからね。

宮藤　あれはいいのか悪いのかわかんないけど、クオリティ高い映像でそれをもう表現しちゃう、考える前に見せられちゃう。

小泉　想像っていうのがね。絵で見せられちゃったときに、本当は自力で想像できることを、できなくさせちゃうのかなみたいなことは考えたことがありますね。私たちのころなんて、携帯電話自体もＳＦじゃない？

宮藤　そうですね。まさかあんなにちっちゃくなるとも思ってなかったし。

小泉　プッシュフォンでさえ「プッシュフォン!!（衝撃）」と思ったもんね（笑）。

宮藤　あはははは！　わかりますわかります。

小泉　テレフォンカードとかも「わあ未来！」って思ってたのに。

宮藤　思いましたね。

小泉　思ったでしょ？　そうなんですよね。携帯電話とか、電気自動車とか、もうめっちゃＳＦの世界だもん。

宮藤　電気自動車に至ってはまだ信じられないですね。無人運転

とか。いくら説明されてもわからなかった。

小泉　　怖いよね。

宮藤さんの愛読書『たましいの場所』

小泉　　宮藤さん今日は本を持ってきてくれたの？

宮藤　　そうなんです。早川義夫さんの『たましいの場所』って本があって、僕これすごく好きなんですよ。スタイリストの伊賀大介さんは、会う人会う人に本をプレゼントしてて、僕それすごくかっこいいなと思って。

小泉　　よくね、くれるよね。

宮藤　　そうそう。「これ読んでください」とか言って。べつに自分には関係ない本をくれるじゃないですか。あれ見て「かっこいいなあ、誰かに会って本あげたいな」と思って。僕、この本すごく好きで、文庫になったんで持ってきました今日。

小泉　　やった！　じゃあいただこう。

宮藤　　しかも僕が帯書いちゃってるんで、関係ない本でもなくなっちゃったんですけど。僕、この本を持ち歩いてた時期があって……まずどういう本かっていうのを説明しないとだな。

小泉　　そうだね。

宮藤　　早川義夫さんて、昔「ジャックス」っていうバンドのボーカルで曲つくったりしてたミュージシャンの方なんですけれども、そのジャックスが売れなくて2、3年で2枚くらいアルバム出してすぐ解散しちゃって。で、ディレクターに転身して、音楽業界にいたんだけど、もうそれすらいやになってやめて、神奈川のほうで20年くらい本屋さんをやってたんですよ。ずっと本屋さんをやってたらやっぱり歌いたくなって、50近いときかな？　急にピアノを出してきて、電子ピアノで弾

早川義夫『たましいの場所』。右の付箋がたくさんついている単行本は、宮藤さんの私物。左はコイズミさんにプレゼントされた文庫版。宮藤さんが帯に言葉を寄せている。

きながら、自分で歌ったりとかして。「これはやっぱり歌わなきゃだめだ」って言って本屋をやめて、歌手に戻るっていう、その経緯が全部書いてある本。それを持ち歩いてる時期に、小泉さんが「紀伊国屋サザンシアター」でこまつ座のお芝居をやってて。

小泉　はい、樋口一葉の。

宮藤　そうそう。それを観に行ったときに買ったんですよ、小泉さんに差し上げようと思って。でも「持ってるかな」とか「読んだかな」とか思って渡せなくて、そのまま鞄に入れといたんですよ。それで今度はエレベーターで伊賀さんと一緒になったんで「今だ!」って思って「伊賀さんこれ、読みました?」

って見せたら「ああ読みました。いいですよね」って言われて。「マジかー！」って思って。

小泉　あはははは！　やり返せなかった。

宮藤　で、たまたまとなりに乗ってた三宅弘城に「読んだ？」って言ったら「読んでない」って。「あ〜、三宅さんかあ！」って言って渡したんです。それ以来なんで、是非。

小泉　そういう思い出もある。じゃあ読ませてもらいます。ありがとう。

宮藤　ありがとうございます、こちらこそ。前にラジオでこの本を宣伝したら、本屋で一気に売れたみたいで。そのあとに早川さん、奥さんが亡くなっちゃったんですけど、亡くなるまで看取った経緯を書いている本もあって。

小泉　そうなんだ、じゃあそっちも。

宮藤　そっちもいいので是非。言葉が、なんていうんだろう、1回ダメージを受けた人の言葉っていうか。だから重い。重いけど、ユーモアもあって。奥さんがいるのに好きな人ができちゃって、そのことを奥さんに相談したりするんですよね。

小泉　なるほどね。

宮藤　たまに本当に疲れたときとかに読むと、すごくいい。

小泉　宮藤さんが帯の推薦文を書かれてて「誰かに悩みを相談するくらいならこの本を繰り返し読んだほうがいいとさえ思っています。これは本当にいい本」って書いてある。

宮藤　いや本当にそうなんですよ。

小泉　「『歌が生まれそうだった。自分の弱さを歌にしたかった。自分の醜さを歌にしたかった。自分のかっこ悪さを歌にしたかった。それしか歌にするものはない』本文より」

宮藤　そのね、本屋さんをやめる1日の話が、すごく切ないんですよね。うん、是非読んでください。

小泉　はい。読みます。ありがとうございます。ホ

ホントのクドウさんに一歩踏み込む
一問一答

口癖はなんですか?

「すいません」なるべく言わないように
してます。

好きなオノマトペは?

「どですかでん」は、オノマトペじゃない
ですかね。電車の走行音を「どですかで
ん」と表現した山本周五郎さんはすごい
と思います。

好きなにおいは
どんなにおいですか?

喫煙所から帰って来た人の匂い。今は禁
煙中ですが、70過ぎたら吸おうと思っ
ているので。

スマホのライブラリに
たくさんあるのはどんな写真?

娘(18)と皆川猿時(52)。

今までに言われて
嬉しかったことは?

ファンレターに「俳優として"ちょうど
いい"」と書いてあった。

遊園地などの
好きなアトラクションは?

おばけ屋敷ですね。乗り物酔いが激しい
ので。

会話中の沈黙、平気ですか？

ぜんぜん平気じゃない。特にリモート会議とか。間を埋めようとして余計なことを言ってしまいます。

飲食店などで隣の席の雑談に
聞き耳を立てることはありますか？

聞いてニヤニヤすることはよくあります。

テレビやラジオなどに話しかけたり
リアクションしたりしますか？

ラジオ聴きながらニヤニヤすることはある。

行きつけのお店はありますか？

毎日行くのはスタバです。あとスタバと家のちょうど中間にある、お酒が飲める定食屋です。

別の職業を選ぶとしたら
何がやりたいですか？

喫茶店のマスターです。『マンハッタンラブストーリー』はそんな夢をドラマという形で叶えました。

人生観を変えた作品は？

『季節のない街』20歳の時に大阪を旅しながらこの本を読んで、急に思い立って電話して「大人計画に入れて下さい！」と直訴しました。ドラマは『ふぞろいの林檎たち』映画は『狂い咲きサンダーロード』

「宮藤官九郎」

Kankuro Kudo's lyrical masterpieces

宮藤さんの 傑作リリック集

これまでにすばらしい脚本の数々を生み出してきた宮藤さん。じつは、作詞も多く手掛けています。なかでも「これ！」というものを、コイズミさんと選びました。思わず吹き出てしまう、宮藤ワールド全開の歌詞をどうぞご堪能あれ。

Lyric list

潮騒のメモリー

恋の東京ロンリーサイボーグ

わーわーわー　〜はじめてのウソ〜（フルバージョン）

楳図かずお

騒音おばさん VS 高音おじさん

潮騒のメモリー

歌：天野春子（小泉今日子）　作曲：大友良英・Sachiko M
『NHK連続テレビ小説 あまちゃん』

来てよ　その火を　飛び越えて
砂に書いた　アイ　ミス　ユー

北へ帰るの　誰にも会わずに
低気圧に乗って　北へ向かうわ
彼に伝えて　今でも好きだと
ジョニーに伝えて　千円返して

潮騒のメモリー（メモリー）　17才は
寄せては返す　波のように　激しく
（ah〜）

来てよ　その火を　飛び越えて
砂に書いた　アイ　ミス　ユー
（アイ　ミス　ユー）
来てよ　タクシー捕まえて
波打ち際の　マーメイド（マーメイド）
早生まれの　マーメイド

（ah〜）

置いていくのね　さよならも言わずに
再び会うための　約束もしないで
北へ行くのね　ここも北なのに
寒さこらえて　波止場で待つわ

潮騒のメモリー（メモリー）　私はギター
Aマイナーの　アルペジオ　優しく
（ah〜）

来てよ　その火を　飛び越えて
夜空に書いた　アイム　ソーリー
（アイム　ソーリー）
来てよ　その川　乗り越えて
三途の川の　マーメイド（三途リバー）
友だち少ない　マーメイド（ah〜）
マーメイド（ah〜）
好きよ（ah〜）
嫌いよ

『潮騒のメモリー』
（ビクターエンタテインメント）

「あまちゃん」では天野春子として唄っていたの
で疑問を持たず受け入れていたのですが、自分
のツアーで唄った時、コーラスがいい声で「三途
River〜」と追っかけてくるのに吹き出しました。
のんちゃん、薬師丸さん、私、三人三様の潮騒の
メモリーが出来上がったのが凄いです。（小泉）

恋の東京ロンリーサイボーグ

歌：小泉今日子　作曲：富澤タク
『R2C2〜サイボーグなのでバンド辞めます！〜』

東京ロンリーサイボーグ　あなたはどこ？
機械　機械　KI KA I
機械の彼に会いたくて
K's電気に行きました

電子レンジは　のんののん
ホットプレートは？　「後片づけがた〜いへん」
電気カミソリ　「臭い臭い」
家電じゃだめなの　サイボーグ

東京ロンリーサイボーグ　どこにいるの？
してして　私を　インストールして♡
東京ロンリーサイボーグ　アキバにいるの？
ハードも好き　ソフトも好き♡
気まぐれ　ロンリーサイボーグ

『R2C2 卒業アルバム
〜サイボーグなので
CD付けます！〜』
（PARCO出版）

大人計画さんの舞台に声で参加しました。理想の
アイドルの声というハードル高いオーダーでした
が楽しかったです。電気カミソリって臭いんだっ
てことを学びました。（小泉）

40

わーわーわー 〜はじめてのウソ〜（フルバージョン）

うた：コッシー　作曲：ヒロヒサカトー（井乃頭蓄音団）
『NHK みいつけた！』

わーわーわー
ぼく　うそ　ついちゃった
きょう　うそ　ついちゃった

ぼくんち　トラかってるよって
いっちゃったんだ
ワニもいるから　みにおいでよって
いっちゃったんだ
じーこーけんお（わーわーわーわー）
じーこーけんお（わーわーわーわー）

きいろいマスクのおんなのこ
きてくれるかな
きいろいマスクのおんなのこ
きたらどうしよう

ほんとはうそなんだ（わーわーわー）
ほんとはうそなんだ（わーわーわー）
ほんとにうそなんだ（わーわーわー）
ごめんうそなんだ

「おとうさん　スパイなんだ」って
いっちゃったんだ
「おかあさん　だいじんなんだ」って
いっちゃったんだ
「おねえちゃん　アイドルなんだ」って
いっちゃったんだ
「おじいちゃん　サイボーグなんだ」って
いっちゃったんだ

ほんとはうそなんだ（わーわーわー）
ほんとはうそなんだ（わーわーわー）
ほんとにうそなんだ（わーわーわー）
ごめんうそなんだ

なんでうそ　ついちゃうの
なんでうそ　ついちゃうの
しょーにんよっきゅー（わーわーわーわー）
ゆーうーえつかん（わーわーわーわー）

じーこーけんお（わーわーわーわー）
ざーいーあくかん（わーわーわーわー）

きいろいマスクのおんなのこ
けっきょくこなかった
きいろいマスクのおんなのこ
いけたらいくっていったのに
うそつき！（わーわーわーわー）
うそつき！（わーわーわーわー）

きらいっていっちゃったんだ（わーわーわー）
きらいっていっちゃったんだ（わーわーわー）
バカっていっちゃったんだ（わーわーわー）
きいろいマスクのおんなのこ
ほんとはうそなんだ（わーわーわー）
ほんとはすきなんだ（わーわーわー）
ほんとはだいすきなんだ（わーわーわー）
きいろい（わー）
マスクの（わー）
おんなのこ（わー）

『NHK みいつけた！プレゼント』
（ワーナーミュージック・ジャパン）

NHK の幼児向け番組のファンです。なかでも「み
いつけた！」は最高なんです。ウソをつくことは良
くないということを楽しいイメージで伝えられる
のが凄いです。手加減せずに少し難しい言葉を織
り交ぜているところも好きです。（小泉）

楳図かずお

作曲：宮藤官九郎（グループ魂）

末広通りで見た吉祥寺の男
紅と白のおめでたい男
象のはな子も知ってる有名な男
声をかけたら 指を変な形にして
なんか叫んで逃げたの（グワシ）

White&Red ラッキーマン（縞々）
あいつを見かけた日は（縞々）
いいことがあるの

サンロード ハモニカ横丁 焼き鳥のいせや
ヨドバシ裏の ガールズバー
ホープ軒からホープ軒 李朝園で焼肉
そんなとこに いるはずもないのに
まめ蔵カレー メンチカツ
小ざさの羊羹 メンチカツ
お腹ぜんぜん空いてないのに

会いたくて（グワシ）
会いたくて（グワシ）
吉祥寺のラッキーマン

中道通りで見た 吉祥寺の男（縞々）
紅と白のお城に住んでる男（縞々）
ウォーリーより探しやすい男（縞々）
握手求めたら指を変な形にして
なんか叫んで逃げたの（グワシ）

White&Red ラッキーマン（まことちゃん）
パルコの階段登る 君は（14歳）
まるでシンデレラ

闇太郎 ラーメン生郎 八幡神社
MANDA-LA2からの 曼荼羅
さようなら バウスシアター
デニーズが仏壇屋に!?
そんなこと どうでもいいのに

山野楽器で梅雀見たよ（中村）

「あれ？ あの職質されてるヤツ 誰だっけ？」
いやそれも今は どうでもいいのに
珍来亭 たるたるホルモン
カヤシマのナポリタン
だからお腹ぜんぜん 空いてないのに

会いたくて（グワシ）
会いたくて（サバラン）
吉祥寺のラッキーマン

（土日は田舎者ばっかり
Oh ジョージタウン
平日は漫画家ばっかり

グワシのおじさん
漫画家と不審者ばっかり

あんなとこに自由の女神
ほんとはそんなに　住みやすくないのに）

『20名』
（ソニーミュージック）

楳図かずおさんを通して吉祥寺への愛を語る歌詞。
吉祥寺で楳図さんを目撃した時にTシャツが赤白
ボーダーは吉、青白ボーダーは凶なんて都市伝説
もありますよね。私、赤白ボーダーの楳図さんと
遭遇したことあります。（小泉）

騒音おばさん VS 高音おじさん

作曲：高見沢俊彦

俺は声が高い
だから貫禄ない
俺は線が細い
だから貫禄ない

ハイトーン！
ローファット！
ナイスミドル！
Woo Woo Woo

俺は声が高い
だから電話に出ない
心の声は低い
だけど喋ると高い

隣のばばあ　騒がしい
「部屋でエレキを弾かないでちょうだい！」
弾いてない、エレキなんか弾いてない
それは　俺の鼻歌〜

引っ越せ！引っ越せ！騒音おばさん
俺はなんにも悪くない
シャウト！シャウト！高音おじさん
出るとこ出てもいいんだぜ
俺とお前の　俺とお前の
スープも冷めないディスタンス

俺の部屋は高い
家賃わりと高い
ついでに声も高い
だけど腰は低い

隣のばばあ　おせっかい
「やかんのお湯がわいてるわよお！」
沸かしてない、お湯なんか沸かしてない
それは　俺のハギシリ
ギターソロ！
ばばあソロ！
「高見沢さん！

あなた自転車どけてくださらないと、
通れないじゃないの！?」
ギターソロ！
ばばあソロ！
「な〜に、ちょっと高見沢さん！?
おでん作り過ぎちゃったわよ！?
食べなさいよ　あんたやせてるんだから」
エアギター！
エアばばあ！「はぁ〜」

ハイトーン　Wow Wow　パンチがないぜ
ローファット　Wow Wow　貫禄ないぜ
俺はベリーナイスミドル

引っ越せ！引っ越せ！騒音おばさん
裁判したら俺が勝つ
シャウト！シャウト！高音おじさん
しばくぞ！しばくぞ！
レスポールでしばくぞ！
言えなくて　言えなくて
夜露に濡れてピンポンダッシュ！

引っ越せ！引っ越せ！騒音おばさん
俺はなんにも悪くない
シャウト！シャウト！高音おじさん
出るとこ出てもいいんだぜ
俺とお前の　俺とお前の
スープも冷めないディスタンス

『Kaléidoscope』
（ユニバーサルミュージック）

高見沢さん振り切っていてカッコイイ！　このユーモアを受け止め全力で表現するまさにベリーナイスミドルです。この曲はタカミーさんのファンにも愛されているだろうな。騒音おばさんは今どうしているのだろう。（小泉）

Chapter

2

2022.02.28 / 03.07

奇奇怪怪

TaiTan・玉置周啓

奇奇怪怪（ききかいかい）
TaiTanと玉置周啓がパーソナリティを
務めるSpotify独占配信ポッドキャスト。
毎週火曜18時ごろ配信。2020年JAPAN
PODCAST AWARDSのSpotify NEXT
クリエイター賞を受賞。2023年よりTBS
ラジオ「脳盗」も開始。番組を書籍化し
た『奇奇怪怪明解事典』『奇奇怪怪』が
刊行されている。

TaiTan（タイタン）
東京都生まれ。ラッパー。ヒップホップ
グループ「Dos Monos」のメンバー。音
楽活動の他、雑誌のクリエイティブディ
レクターの顔も持つ。雑誌『BRUTUS』
『POPEYE』等で連載をかかえる。

玉置周啓（たまおき しゅうけい）
八丈島生まれ。音楽家。ギターポップバン
ド「MONO NO AWARE」とアコースティッ
クユニット「MIZ」のギター・ボーカルと
して、作詞作曲を手掛ける。『XD MAGA
ZINE』にて、長賢太郎との連載を開始。

今回のゲストは、大人気ポッドキャスト番組「奇奇怪怪」(ex.
奇奇怪怪明解事典) のパーソナリティを務める TaiTan さ
んと玉置周啓さん。番組そのままのおふたりの軽快なやり
取りに、終始笑いっぱなしのコイズミさんです。

ホンコイ meets 奇奇怪怪

小泉	今日は都内にある収録スタジオからお届けしようと思って いるんですけど。お迎えするのはですね、同じポッドキャス ター (笑)。ポッドキャスターって言うんですね、私たちのこと。 ポッドキャスターとして番組を担当しているおふたり Dos Monos の TaiTan さんと、MONO NO AWARE の玉置周啓 さん。はじめまして。
TaiTan・玉置	はじめまして。
小泉	おもしろいですね! 「奇奇怪怪明解事典」
TaiTan	そんなこと言っていただけるとは。本当にありがとうございます。
小泉	Spotify オリジナルのポッドキャスト番組を持っている私た ちが、一緒にお話するっていうのは、なかなかないことらしいんで。
TaiTan	そうですね、僕らも初めてですね。
玉置	うん。
小泉	ゲストを呼ぶ回はあったんですか?　今までは。
TaiTan	ちょうど先々週ゲストを呼びましたが、あまり盛り上がらな かった……。
玉置	あんまり言うなよそういうこと。暗い話題を、わざわざ人の 所にお邪魔して。
TaiTan	でもその反省を活かして今日に至るわけですので。

小泉	あはは！　活かしての、今日？
玉置	そうね、なるほど。
小泉	ふたりは2020年の5月から「奇奇怪怪明解事典」という Spotify独占配信のポッドキャスト番組をスタートされて。 だから私より1年先輩です。先輩よろしくお願いします！
TaiTan・玉置（笑）	
TaiTan	そのスタンスで来られてしまうと辛いですね。
玉置	胸が引きちぎれそうですね。
小泉	あはは！　そもそもどういうきっかけで始めたんですか。
TaiTan	今でこそ「Spotify独占配信」と、立派な屋号がついてますが、 最初は「野良番組としてふたりでやろう」みたいな感じで。 直接的なきっかけはコロナで、お互いライブ活動が……。と くに僕はアメリカを1ヶ月かけて回るみたいなグループ的 には結構大事なツアーがあったんですけど、それが全部キ ャンセルになって。もう自暴自棄で「なんか新しいことやるか」 ってことでポッドキャストでした。
小泉	そうなんだ。もともとご友人だった？
TaiTan	えっと、知り合いでしたね。
玉置	そうですね。知り合いでした。
TaiTan	2回ぐらい喋ったことがあって。
小泉	なぜこのふたりになったの？
TaiTan	それはもう僕が直感で。彼が、話した中でも数少ないおも ろいやつだなって印象があったので、声をかけたと。まあ自 暴自棄だったので、誘いました。
玉置	株を上げてから下げるなよ！　なるほどね。
小泉	なるほどね（笑）。でもなんか聞いてるとそのふたりの温度 の違いと、ツッコミ合いがすごく心地いいですね。
TaiTan	今回ポッドキャストの番組が書籍になって、そのあとがき

でも触れたんですが、最初2回しか話したことがなかった我々が、週に1回も話してればね。次第にやいのやいのと悪口を言い合うような仲になるという、その過程の記録でもあるのがおもしろいなと思って。

小泉　過程の記録でもある。なるほどねえ。なんか私は学校にまだ通っていて、昼休みの時間に疲れてて机に突っ伏して半分ぐらい寝てる状態で。近くの席の男子がふたりでずっと喋ってて、寝たいのに聞きたいしちょっと笑いたくなってきてる感じ。あと、話してる内容の中に例えば本とか出てくると、「うわそれ読んでみたい……」とか思ってる感じを聴いていて妄想しました。

TaiTan　まあそうですね。学生時代、我々は「校庭で遊ぼうぜ」とか誘われない側だったので。

玉置　君はね。

TaiTan　いやお前は無理だよ。

玉置　何がだよ。

TaiTan　お前は無理なんだよ、もう。

玉置　無理ってなんなんだよ。

TaiTan　同じ穴のムジナだよお前は。

玉置　ああ、そうですか。

TaiTan　なので今、小泉さんがおっしゃった「教室の中の隅っこのほう」というのは、あながち間違ってないのかな。

小泉　隅っことは感じなかったですけど（笑）。

TaiTan　あ、本当ですか。

小泉　おもしろい話がずっと聞こえてきてるけどそんなに親しくないから反応もできなくて、でも寝たふりをしながらずっと聞いてるっていうような、そういう感じだね。

TaiTan　あ、なるほどね。でも僕らの意識としては「話しかけて欲しいな」

っていう感じですね。

玉置　そうですね。あえて声を大きくして話してる状態。

TaiTan　「おもろいでしょ？」っていう、そういうボースティングみたいなね。

玉置　そうね。ま、そのままね、卒業を迎えるんでしょうけど。

小泉　あはははははは！

TaiTan　この3人が交わることはおそらくない。

玉置　そうだね。

小泉　あと、ふたりの言葉遊びがすごくおもしろくて。初期のほうのエピソード*だったと思うけど「サラダを取り分ける人どうなの？」みたいな話してて。そういうのに1個ずつ言葉をつけていこうよみたいな回が私すごくお気に入りだったんですけど。

TaiTan　だいぶ初期の回を聴いていただいてありがとうございます。

玉置　TaiTanは、サラダをいきなり取り分け始める人のことを嫌いなんですよ。

小泉　嫌いなんだね。ふふ。わかるけどなんか。

TaiTan　あ、やった。これ仲良くなれるんじゃない？　小泉さんもサラダ取り分けられるのは苦手ですか。

小泉　取り分ける側をやったことはほとんどないですね。「あ、やりたがってんな……うん、やれば？」みたいな。

玉置　（笑）。結構……。

TaiTan　あれ？　こっちサイドだぞ。

玉置　そうだぞ。限りなくTaiTanに近い。

TaiTan　ダークサイドの側だぞ。

---

*初期のほうのエピソード：2020年5月「奇奇怪怪 第1巻 奇怪現象に名前をつける」

玉置	ダークサイドだねえ。だって、どうだっていいんだから、サラダ取り分けるなんて。
小泉	そうそうそう。
TaiTan	いやでももう本当に気まずいんだあの時間が。
玉置	まあな、気まずさはちょっとわかるね。気を遣うし。
小泉	うんうん。なんかさ、取り分けるまで会話進めちゃいけないんじゃないかとか。
玉置	あ、そう！　なんか喋ってるとね。
TaiTan	ちゃんと称えないといけない感じがいやなんですよ。
玉置	そうそう。抱擁で迎えなくちゃいけないからさ、サラダを取り分けてくれた人をね。
TaiTan	『アルマゲドン』並みにハグしなきゃいけねえんだよ。
一同	（爆笑）
玉置	取り分けて帰ってくるから「おかえり」って言ってあげない

といけないからさあ。あれは気まずいよね。

TaiTan　いや気まずいあれは。やめたほうがいいよあれは。

小泉　まさにこれを「机に突っ伏してるけど参加できない」っていう感じで聴いてたんですよ。

TaiTan　なるほど。嬉しいです。

玉置　ありがとうございます。

こだわりが凝縮された、書籍『奇奇怪怪明解事典』

小泉　もう100本近いですよねエピソード数が。

TaiTan　200本近いです（2022年2月時点）。もう200回やってて、2020年から。

小泉　200本近いんだ⁉　200本以上あるエピソードが書籍化されたっていうのはすごいですね。全エピソードがほぼ入ってる？

TaiTan　いや、抜粋して50エピソードほど。

小泉　あ、50でこの厚さ？

TaiTan　そうなんです。550ページぐらいあるんですが。

小泉　すごい。さっきおっしゃってたけど、鈍器（笑）。

TaiTan　はい。人を殺めるには十分な分厚さと硬さを誇っています。

玉置　誇っている書籍ですね。

小泉　でもなんか好調らしいですね。あの歌みたいなのは？

TaiTan　ああ、ジングルのことですか。彼ですね。

玉置　そうですね。僕が6回歌って重ねた音源になります。

小泉　そうなんだ（笑）。

TaiTan　本当にDIYで最初はやってました。

玉置　そうなんですよ。

小泉　今回のこの鈍器本も？

TaiTan・玉置　（笑）

TaiTan	いやさすがにこれ DIY で全国流通してたらもっとほめられるべき。
玉置	そうね。だし、なんかもう普通に鈍器本って呼ばれてることにツッコむべきだと思う。
TaiTan	たしかに。すんなり受け入れてしまいましたね。
小泉	でも本当に事典みたいな装丁で、ハードカバーですごく………………………すてきですね。
一同	（笑）
玉置	今、「硬いですね」って言おうとした。
小泉	うん（笑）。
TaiTan	捻り出したなと。間を感じましたね。
小泉	あはははは！
玉置	そうですね。「硬い」しか出てこないみたいな。
小泉	すてきですよ。
玉置	いやいやありがとうございます。
TaiTan	これ国書刊行会という出版社から出したんですが、「函<ruby>函<rt>はこ</rt></ruby>つき」っていうのは、僕がもう絶対そこは折れたくないって編集

TaiTan・玉置周啓著『奇奇怪怪明解事典』。外函についたラベルの文字や絵は玉置さんによるもの。

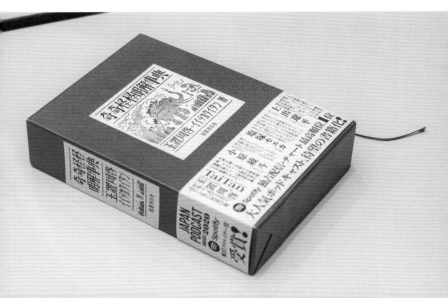

者の石原さん＊に言ったところで。

小泉　　　ああ、なるほどね。すごい。でも中身も、ほんと充実だと思うんです。さっきね、パラパラと見てたんですけど。私老眼なんで、今日、老眼鏡を忘れて字が小さい（笑）。

TaiTan　　あ、たしかに。大変失礼しました。事典であるということに意固地になるがあまりに、級数（文字の大きさの単位）はどこまでもちっちゃくしてくれって。

玉置　　　そこは駆け引きあったもんね。もっと小さくできないのかっていう、プロジェクトＸみたいなね。

小泉　　　昔の本って事典とか見るとめっちゃ字ちっちゃいですもんね。

TaiTan　　めっちゃ字ちっちゃくしてこの紙質自体もペラッペラの本当の国語辞典みたいな、ああいう紙にしたかったんですけど。意外とあれが高いんですよね。

玉置　　　高いんだよあれ。薄いけどめくるときにちゃんと……、

小泉　　　めくりやすいと。

玉置　　　そう、1枚ずつちゃんとめくれるし。

TaiTan　　摩擦でね。

小泉　　　へえ……でも結構そういうこだわりが感じられる。ここ（花布（はなぎれ）：上製本の背の上下の端に貼る飾り布）が金だったりね。

玉置　　　あ、そうそれ俺も思った。なんかすごいですね。

小泉　　　これいいよね。

TaiTan　　そこ、僕のオーダーではないですね。だからそれはたぶんその編集の方のこだわりとして。

小泉　　　へえ。

＊編集者の石原さん：その後国書刊行会を退職し、2023年春にひとり版元「石原書房」を創業。番組の書籍化2冊目である『奇奇怪怪』を2023年8月に刊行。石原書房創業第1冊目となった。

| 玉置 | こだわりがすごいからね、石原さんは。 |

コロナ禍にスタートした「奇奇怪怪」

TaiTan	僕ら93年生まれなんですがその石原さんっていう方も93年生まれで、同い年でやったプロジェクトでした。
小泉	若！　へえ、そうなんですね。もともとTaiTanさんはヒップホップのグループなんですか。
TaiTan	あ、そうです。
小泉	ラッパー？
TaiTan	ええ。申し遅れましたが「Dos Monos」というヒップホップグループの、普段はラッパーをやっております。
小泉	へえ。で玉置さんは「MONO NO AWARE」というバンドのギターボーカル。
玉置	はい、そうです。
小泉	本業でも言葉を考える仕事でしょ？　歌詞を書いたりとか。
TaiTan	ええ。
玉置	そうですね。
小泉	ね。だからかもね。本当にぽんぽんぽんぽん会話が進んで、ふたりでざざざざあって走っていくのが、すごく聞いてて楽しいんですけど。
TaiTan	いやあ嬉しいですね。言葉みたいなものを軸にした番組をやりたいっていうのが最初の着想としてあって。なんで彼に声かけたかって言うと、彼と喋ったその2回の中で、言語感覚みたいなものがすごく似てるなという印象があったんです。
小泉	そうだよね。誘われてどんな感じだったの？
玉置	「ちょうどやろうと思ってた」っていうふうに返信しました。

TaiTan	あくまでも「誘われたからやってるんじゃなくて、自主的に やってる」ていうテイを取るんですよね。
小泉	あははは！　ちょうどやろうと思ってた？
玉置	そうですね。まあひとりでもふたりでも変わんないかと。
小泉	ふふふ。そっかそっか。
玉置	でもなんだっけね。プレイベントというか、ポッドキャスト を始める前に「渋谷のラジオ」で彼がひとりで番組をやってて、 僕がゲストに呼ばれて、「撲滅したほうがいい言葉を……」 みたいな感じだったっけ？　違うか（笑）。なんか言葉をつ くる感じの企画だったよね。
TaiTan	ああ、あったかもしれないね、うん。
玉置	いや、お前消すなよ！　黒歴史なのか。
TaiTan	いやいや。言葉を消すみたいなのやってたっけ？　そんな のあんな牧歌的なラジオ局で企画通らんだろ。
玉置	（笑）。ま、そうか、そうね。
小泉	なんかでも言葉に関するテーマで。
玉置	そうです。で、僕もそんな勘がいい人間じゃないんで、2回 会った程度では、果たして言語感覚が似てるかとか言葉に 対してどう考えたかとかよくわかんなかったんですけど。 ラジオに出たときに、考えてること、まあ言語感覚が結構近 くて心地いいなって。趣味が合うとかより言語感覚が近い ほうが居心地がいいのかもなと思って。
小泉	本当にそうよね。言語感覚合わない人と喋ってるとほんと 腹立ってくるもんね。なかなか硬くて、壁が。いろんな方向 から言ってみるけど全然伝わんなくて。すごい笑顔で全然 違う返しが来たりすると「んー。そうだねえ……あとでメー ルしようかなあ？　読んでもらったほうが早いのかな」とか 思ったりする感じってあるし。

玉置	わかります。
TaiTan	うんうんうん。だから彼とは物事を見る角度みたいなものがすごく似ているし、その上で出力する言葉の引き出しのエリアがすごく似てるなという印象があって。こういう人とだったらわりとポッドキャストみたいな喋りがメインのものをやっても成立するかなっていうのはありましたね。
小泉	始めたころは、コロナの最初の波のときだったでしょ?
玉置	うん、そうですね。
小泉	それはリモートで始めたんですよね?
玉置	そうですね。zoomで。
TaiTan	それこそサラダの話とかしてる初期の回がもうガビガビでzoomの接続不良の音とかも入っちゃってるような。
小泉	へえ。でも私は全然気にならない派なんだけど、そういうのって。生音っぽくていいなと。
玉置	あ、そうですか。じゃあよかった。
小泉	なんかコロナがもっと早く解決するかと思いきや、いまだにまだいろいろライブとか人が集まるみたいなことが大変だけど。ミュージシャンは本当に、直撃って感じはあったでしょ?ライブとか結構できなかった?
TaiTan	2020年が壊滅でしたね。
小泉	ね。アメリカに行く予定が行けなかったりとか。
TaiTan	2021年は、普通にはやれないですけど感染症対策的なものをびっちりやれば、わりとできたなっていう。
小泉	ああ、本当に。MONO NO AWAREもそうですか。
玉置	そうですね。でもまあ延期はかなり多くなったなっていう。
TaiTan	ああ、延期はね。
玉置	ね。企画して、しかもツアーなんて各地方の会場を。
小泉	そう、それぞれのやり方もあったりするから、ツアーとして

やるっていうと、まとめるの大変だったんでしょうね。

玉置　大変でしたね。キャンセル料もすごいんで。待ってくれる回数も会場によって違うんですよね。「3回までの延期だったら待つけど、もうこれ以上はうちも厳しいです」みたいな。そういうのがあったのは悲しかったですけれど。まあ最近はもう普通に、感染対策もされて戻ってきた感じがするので。

小泉　感染対策みたいなのがスタンダードになってきてるから。ずっとこういう感じになっていくのかもね。

TaiTan　そんな気がしますね。感染者数とかの話でいうとシーズンによってわりと全然違うから、春・夏・秋ぐらいをメインにツアーを組んでおけば「めちゃくちゃ大打撃」みたいなことはないのかもなっていうのは、なんとなく学び始めてるかな。

小泉　そうだよね。お客さんのほうも、最初の 2020 年は恐怖がすごくあったじゃない。情報がまだ錯綜してたから。

玉置　そうですね。完全なる未知の領域ですもんね。

小泉　そう。だから怖かったっていうのもあるだろうけど、最近は「まあ付き合っていくんだきっと」って少し余裕が出てきて、自分なりの節度を持って参加する感じになってきたかな。

TaiTan　そうですね。過剰に恐れなくはなってるかなって感じですね。

小泉　番組はスタッフが別にいるわけじゃなくて、完全にふたりでつくってる感じなの？

TaiTan　そうですね。ディレクターもいないし、作家もいないし、プロデューサーもいないし。まあ Spotify の方はバックに……、

小泉　途中から。

TaiTan　ええ。ついてくださってますけど、中身に関しては基本僕らだけでやってる。

小泉　へえ、そうなんだ。

玉置	そうね。最初はコロナ禍でやることがなさすぎるし、ポッドキャストなんてとくに社会正義とかにも触れずにお喋りできる最高の場だったんでよかったけれども。1年ぐらい経ってライブが再開しだしたら、めちゃめちゃ辛くなってきて。
小泉	わかる。
TaiTan	（笑）
玉置	わかるとか言っちゃってるし！
小泉	私は最初からSpotifyさんのほうからお話をいただいて……。
TaiTan	エリートですね、やっぱ。
小泉	「じゃあ始めようか」って言ったけど。毎週配信っていうのが結構辛いんだよね（笑）。
TaiTan	言っていいんすか。
玉置	ね、言っちゃってるし。
小泉	あははは！　楽しみにしてくださってる方がいるんですけど、忙しくなると……例えば舞台が始まって、稽古と舞台で2ヶ月とか毎日時間を預けちゃってると「どうしよう……」って。
一同	（笑）
TaiTan	これ俺らじゃどうにも受けきれないですけど。
玉置	でもそうですよね、集中したくなりますもんね。とくに舞台とかだったらなおのこと。
小泉	そうなんですよね。本番中はまだ休演日が決まってるからいいんですけど、お稽古って休みを決めてくれないんですよ。
玉置	あ、そうなんだ。
小泉	最初から「何曜日休み」みたいには決まってなくて、スタッフのほうで作業したい日を「じゃあこの日はスタッフがやるから役者は休みにしましょう」みたいに突然決まったりするから、スケジュールが切りにくい。
TaiTan	なるほどなるほど。

小泉	私もマネージャーがいなくて、自分で全部スケジュールを切らなきゃいけないから、なんかもう板挟みみたいな感じで。
一同	（笑）
小泉	収録とか、喋ってるときは本当に楽しいんですよ。
玉置	うん、そうですね。
小泉	スケジュールを切るのが苦痛っていう。「あ、この日だったら入れられるけど、私休みなくなるな……」とか、そういう葛藤があるわけ。
TaiTan	そっか。人を招いてやってるから、休みを削って。
小泉	結果楽しいから全然いいんですけど。
玉置	だからそう、ライブが復活しだしちゃったから。
小泉	しだしちゃったから？　ははは！
玉置	しちゃったっていうのもまずいですけどね。なんて言ったらいいんですかね。
小泉	復活できたからね。それはそれで楽しいんだけど。

玉置	ありがたいことと同時に、忘れてた音楽のサイクルを思い出し始めたら、彼からの「次いつ録る?」とかの連絡に、「お前と違って暇じゃねえんだよ!」みたいな。
一同	(笑)
TaiTan	そんなふうに思ってたのね。
玉置	いやいやもちろん君も忙しいんだけど。
小泉	お互いライブ活動とかがあるとほんとスケジュール合わせるのが大変だったりするでしょ。
TaiTan	でもたぶんさっきの稽古のお話とちょっと似てるなと思うのが、とくに音楽のライブは、ライブ自体はべつにそんなに時間が取られるもんでもなかったりするんですが、制作期間とか。
小泉	そうだよね、レコーディングとかね。
TaiTan	と被ると、わりともうお互いにスケジュールが。
小泉	どうなるかわかんないもんね。
TaiTan	そうですね。だし、わりとそっちにカロリー取られちゃうっていうか。
小泉	そうだよね。
玉置	だからね、TaiTanだって僕のLINEをミュートしてる時期とかあったらしいですからね、その間。通知が来ないように。
TaiTan	そうですね。僕、去年の夏にアルバムを出したんですが、その時期とかはちょっともう、めちゃくちゃハードでしたね。ポッドキャストを続けるのが。
小泉	そうだよね。
玉置	だから僕は辛い感じで行くんだけどTaiTanが元気そうにしてるから成り立ってたのが、ある日家に行ったらふたりとも元気がない日があって。そのときは「駅前の喫煙所かな?」みたいな、なんか全員下向きながら、息だけ吐いてるみたいなことになってて。ねえ?

小泉	（爆笑）
TaiTan	いやあそういう時期もありました。
玉置	そう。最近は楽しくてしょうがないんでね、またこうやって録るのがね。
小泉	私もポッドキャスト番組をやったのはこの「ホントのコイズミさん」が初めてだったんですけど、本当に自由だし配信する分数もわりとフレキシブルじゃないですか。だからすごく楽しいなあと思ってます。

本は「便利ツール」

小泉	おふたりとも言葉が自由に出てくるなっていう印象なんだけど、子どものころとか若いころから本を読むのは好きだったんですか。
TaiTan	好きでしたね。学校に行ったらもうずっと図書室にいるような人間でした。
小泉	あ、本当？
TaiTan	僕、小泉さんが本を読むようになったきっかけについて何かの本に書いてあったのを読んで、めちゃくちゃわかるなと思ったのが「喋りかけてほしくないから本を読むふりしてた」っていう。
玉置	へえ。
小泉	はい、小道具として。
玉置	あそうなんだ。
小泉	小道具としても使えるし、自分の世界に入れるから便利だなって思って。
TaiTan	そうですよね。まず「便利ツール」として本と出合ってます僕も。学校で「外で遊ぼうぜ」とか言われんのやだなと思っ

て、本を読んでた感じでした。

小泉　そうなんだ。私もそうなんですよ。アイドル時代、移動もいっぱいあるしテレビ局で待ってるときはみんなキャピキャピしてたりとか、あと知らないおじさんとかがやけに親しげに話しかけてきたりするんですよ。

玉置　うわ怖いな!

小泉　「誰なんだろう、この人」みたいな。

玉置　めちゃめちゃ怖い話じゃないですか。

小泉　そう、で、その中にいると、時間とか自分がどこにいるかみたいなことがわかんなくなりそうでいやで。うち、家族がみんな本を読むのが好きだったから、会うたびにいろんな本を持ってきてくれてたのでいつも本を持ち歩いて。で、本開いて読んでるとわりとみんな話しかけないなと思って。

一同　（笑）

TaiTan　処世術として。

小泉　「便利じゃない!? 一石二鳥!」みたいな（笑）。それでどんどんクセになって。高校1年で中退しちゃったから中卒なんですけど、でもそれがコンプレックスになるのもいやだなと思って。ツアーとか行っても、ホテルのまわりに若い人がいっぱい集まっちゃって私だけ外に出られないんですね。だからルームサービスを取って部屋にいるしかなくて。そういうときに国語辞典と英和辞典と、本とノートを持っていって、読めない漢字とか意味のわかんない言葉とか英単語とか全部ノートに書いて、あとから辞書で調べてそこに書き入れていくみたいなことで遊んでました。

玉置　ええ、すごい。

TaiTan　すごい。めちゃ勤勉に映ったでしょうね。

小泉　だからそれがいちばん楽しい遊びになっていった感じで。

	それでもまだ読めない漢字とかいっぱいあるんですけどね。
TaiTan	でもすごくわかりますね。子どものとき「本読んでて偉いね」って言われたりもしたんですけど「偉いっていうか、これがいちばん楽しいんだけどな」みたいな感覚はたしかにありました。
小泉	そうだよね。周啓さんはどうなの?
玉置	そうですね。僕はどっちかっていうと話しかけてもらうために本を読んでいたっていうか。
小泉	あはははは!
玉置	文庫本を右手だけで開いて持って廊下を……、
TaiTan	キザなね。足組んで。
玉置	だし、これで廊下歩いてたんで。
小泉	あ、廊下歩いてた?
TaiTan	廊下を、その状態で?
玉置	漫画の主人公とかみんなそうやって本読んでた……当時ね。
小泉	わかるわかる。
玉置	だからそれに倣って。
TaiTan	でもそのページ以外は見られないわけだよね。
玉置	これめくれないのよ。そう。
TaiTan	めくれないから。
小泉	あはははは!
玉置	左手はポケットに突っ込んでるからめくれないわけよ。それをハリーポッターでやろうとして手が折れそうになったことがありましたけど(笑)。文庫本でやってた時期ありましたね。僕は本にそういったのめり込み方はしなかった、が、僕3歳ぐらいから漢字が大好きだったので……、
小泉	へえ!
玉置	保育園に置いてある絵本にたまに漢字が載ってるから、新

しい漢字を覚えるために、知らない漢字に出合うまで何冊も読み続けるみたいなことをやってて。

小泉　おもしろーい！

玉置　そういった意味での「本を読む習慣」はありましたね。

小泉　ふうん。聞き忘れてたけど、なぜ「奇奇怪怪明解事典」っていう番組名になったんですか。

TaiTan　なんとなく番組をつくるにあたって、言葉を軸にしたいっていうのがあったのと、もう1個の軸としては、それこそ「サラダ取り分けるやつってなんなんだろうな」みたいなことが僕にとっては怪奇現象に思えるんですよ。その行動原理がよく理解できないっていうか。だからそういう「誰も指摘してないけど、俺にとっては怖いんだよな」っていうものがこの番組にどんどん蓄積されて、それを集めれば事典になるんじゃないかみたいなところから「奇奇怪怪明解事典」って。

小泉　で晴れて事典になってる。書籍として。

TaiTan　はい、狙い通りになったっていう感じでしたね。

小泉　そうなんだ。で、漢字好きな玉置さんがこの題字を書いたんですよね。

玉置　そうですね。漢字が好き故に途中からレタリングっつーか。

小泉　「奇」の口の部分が目玉の絵になってたり。

玉置　あ、そうなんですよね。書籍に使われると思ってなかったんで、だったらもっと頑張ったのにって思ってるんですけど。ま、くだらないプライドか、そんなのは。

TaiTan　いやいやいいデザインでしょ。

小泉　いいですよね！

玉置　ありがとうございます。

ふたりに影響をあたえた本は？

小泉　　　影響を受けた本とかおすすめの本とかを聞きたいなと思って。

TaiTan　　僕が持ってきたのが下北沢の「本屋B&B」をつくった内沼晋太郎さんの『本の逆襲』っていう本です。これが結構自分の番組に大きく関わってて。

小泉　　　へえ！

TaiTan　　内沼さんは「本とは一体なんなのか」っていうことをずっと考えてて、「本とか本屋ってなんなんだ」っていうことを書いた本なんですけど。その中で例えば対談集を本にする場合、「一体いつのタイミングでそのデータは"本"になるのか、は、意外とわかんない」っていう分析をしていて。要は、イベントで対談をしました。で、それが音声データ・MP3になりました。次にそれを整音して、書き起こしてPDFにして……みたいに、データから本になるまでにいくつか工程があると思うんですけど、「じゃあそのデータは紙になった瞬間に初めて本になったのか？」って考えたら、その狭間ってじつはわかんないだろうってことをずっと言ってて。「だとすれば、MP3をつくってしまった時点でそれはもう本と言えるんじゃないか」みたいなことを指摘しているんですよね。それを読んだときに僕は「そうか、僕がもし本をつくりたいって思ったらまず音声のデータをつくっちゃえばいいんだ」っていうことに気づいて……、

小泉　　　なるほど、本当だ。

TaiTan　　このポッドキャスト始めたっていうのもあるんですよね。だから動機は、最初に言ったコロナで云々っていうのもありつつ、本をつくりたかったっていう。

小泉　　　そうなんだ！

TaiTan	その逆算としてポッドキャストというメディアを採用したっていうのは、じつはありました。
小泉	なるほどなるほど。おもしろい。
玉置	うんうん。
TaiTan	っていうぐらいなんか本当にこの内沼さんが書いてることを丸パクリした感じでしたね、はい。
小泉	「B＆B」っていうのは下北沢にある本屋さんなんですけど、独立系本屋さんの中でも伝説に近いので、本当はいちばんに行ってもよかったんだけど、なんとなく取っておいてあるんですよね。最後の砦じゃないけど。
TaiTan	わかります。「B＆B」は僕も学生のころから行ってたし大好きで。やっぱり「B＆B」をつくる人ってここまでの思考の幅なんだって思いましたね。これは本当に影響を受けました。
小泉	それがね、本当に本になって実現したっていうことですよね。
TaiTan	そうですね、その仮説を立ててやったら。もう「内沼さん様様」ですね。
小泉	ねえ。もう1冊は？
TaiTan	もう1冊は『大丈夫マン 藤岡拓太郎作品集』っていう。
小泉	漫画？
TaiTan	それこそ番組で何度も何度も取り上げてるぐらい大好きな、ギャグ漫画家の藤岡拓太郎っていう方がいて。有り体に言えば、まあシュールな4コマ漫画みたいなものを描いてる方なんですが。それこそ僕が「サラダ云々」とかに突っかかっちゃうような感情とかそういうものを「ギャグ」っていう形で昇華してる人だなと思ってて。実際この間、鼎談させてもらったときに「何をおもしろいと思うか」とか「何が許せないか」とか、そういうところの感度がすごく似てる方だなと思って。今僕は誰よりも新作を楽しみにしている作家

のひとりですね。

小泉　へえ、ちょっと私も読んでみよ。知らなかったです。

TaiTan　電車とかで読んじゃうと……、

小泉　危ない？

TaiTan　声を出して笑うレベルでおもしろい。

玉置　本当だよね。

小泉　この独特の画力で、ふふふふ。

TaiTan　拓太郎さんおすすめです。

小泉　周啓さんは？　文庫本を2冊持ってきてくれてますけど。

玉置　ひとつは須賀敦子さんの『コルシア書店の仲間たち』っていう本を最近読んで。戦後ぐらいの時期にイタリアに住んでた日本人の女性で。

小泉　須賀さんね、はい。

玉置　翻訳家とかやってたのかな？

小泉　うん。有名な本ありますよね。なんだっけ。

玉置　『ミラノ　霧の風景』か『トリエステの坂道』か……。

小泉　『トリエステの坂道』かもしれない。私それ読みました。

玉置　あ、すごい。僕さっき言ったように格好つけで本を読んでたんで、そんなに量は読んでなくてこれしか読んだことないんですけど、戦後の「コルシア書店」という書店に集まっているイタリア人のコミュニティに自分が入っていって、その人たちの人間模様みたいなのを短編に仕立てて書いてるんです。最初は意味がわからないんですよ、地名にもイタリアにもなんの愛着も親しみもないし。ところが読んでいくうちにだんだん自分の脳内にマップが完成していくというか。

小泉　なるほど。

玉置　5編ぐらい読んだところで、知らねえ国の知らねえ街の話なのに、なんかついに読んでたら泣いちゃうぐらい感情移

入する状態になってて、その体験が衝撃的で。僕あんまり小説を読まないんです。感情移入する時間が結構辛くて。論評とかそういうのを好むんですが、この小説は最近読んで、すっと入ってくるような感じがしてよかったんですよね。

小泉　須賀さんって本当に「知る人ぞ知る」っていうか、女性にとくに好きな人多いですね、須賀さんの作品ってきっと。かっこいい人って感じだよね。作品も含めて。

玉置　なるほど、たしかにそうかも。文章も言語化しづらいですけど、すごく好きな文体でしたね。湿っぽくないというか。

小泉　そうですね、うん。自立してるじゃないけどそういう感じのね。

玉置　力強いんだけど、力で押してくる文章でもなくて。

小泉　うんうん。暑苦しくなくて。

玉置　「ひとりの人間が屹立している」っていうことが伝わってくる文章ですごく良くて。岸本佐知子さんがゲストに来られてた回のときに、翻訳の話されてたじゃないですか。

小泉　はい。

玉置　あの話を聞いて、この本を思い出したんです。違う国の、言葉が全く通じない人たちとの生活みたいなのを日本語で文章に起こして、僕が泣いてしまうぐらいの作品になってることがすごいなと思って。

小泉　へえ。

玉置　情報をどうチョイスして言葉を並べているのかっていうのも、技術の賜物なんだろうなと思うのと、あと翻訳という意味では音楽も似てるなっていうふうに思って。

小泉　そうだよね、うん。

玉置　それですごく親しみがわいた本でした。

小泉　へえ、ちょっとそれ読んでみよう私も。

玉置　おもしろいですね。

小泉	あとは？
玉置	あとは養老孟司さんの『かけがえのないもの』っていう本。
小泉	うん！　養老さん。
玉置	これは……ちょっと、内容が全然思い出せないんですけど（笑）、最高だった……。
TaiTan	さっき買ったんですよこれ。影響を受けたとか言いながら。さっき渋谷で買ってました。ここで暴露しますが。
小泉	あははははは！
玉置	ええ、そうですね。「選ばなきゃ」って。
TaiTan	「ここでも格好つけてる！」と思って。
小泉	「でも読んでみようかな」って？
TaiTan	これから影響を受けるであろう、っていう本ですね。
玉置	そうですね、はい。たぶん影響を受けるなと思って買ったんですけど（笑）。
小泉	予測ね。
玉置	これは以前読んで、内容が全ておもしろくて。要は、脳が人

左から藤岡拓太郎作『大丈夫マン 藤岡拓太郎作品集』、内沼晋太郎著『本の逆襲』（TaiTanさん）、養老孟司著『かけがえのないもの』、須賀敦子著『コルシア書店の仲間たち』（玉置さん）

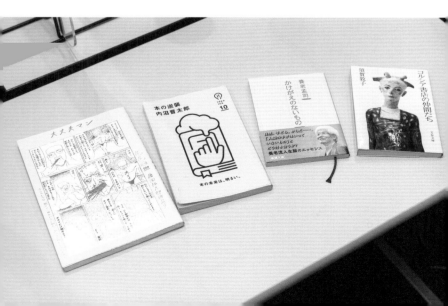

工的な考え方をしていて、体は手を加えられない自然のものだから、そっちを優先してもいいんじゃないか、今は脳にばかり行き過ぎの世界なんじゃないかみたいな。それを都市とかと繋げて語るわけですよ養老さんが。なんでアスファルトだらけになるかって言ったら、自然の力で発生する雑草とか水たまりとか、人間にとってはエラーとかバグみたいなものをできるだけ排除したいから、どこもかしこもアスファルトで埋めるんだというような話が出てきて、わかりやすいしキャッチーだし、それぐらいがちょうどいいんですよね。これ以上思想的なものにいくと……、

小泉　　もうめんどくさいみたいな（笑）？

玉置　　ちょっと難しい。それこそ体に取り入れるのが難しいけど。そもそも理系の人なのに奇跡のバランスで書かれている文章だなと思って。

小泉　　へえ。おもしろそう！

玉置　　僕はこの本から名前を取ってアルバムをつくったぐらいの。

小泉　　あ、つくったんですね。

玉置　　そうですね、はい。読んではないけれども。

小泉　　読んだんでしょ！

一同　　（笑）

エゴサ、めっちゃするよ！

小泉　　なんか言い残したことありますか。

玉置　　もう、これから死ぬ人への。

一同　　（笑）

TaiTan　僕1個あるんですよ。

小泉　　はい、なんでしょう。

TaiTan	小泉さん『小泉放談』っていう本出されてるじゃないですか。
小泉	はい。
TaiTan	あの中で「人からの評価」みたいなテーマがあって。小泉さんが「私エゴサめっちゃするよ」って言ってて。「え、こんなこと言うんだ!」と思って。僕もめっちゃエゴサするんですよ。で、結構そんな自分がいやだったりもするんですよ、めっちゃ気にするから。それこそ今書籍が出たタイミングで、なんかボロクソ言われてたらいやだなとか、「高えなこれ」とか言われてたらいやだなとか思うのが、精神的にくるものがあるんですけど。小泉さんはそこら辺はあっけらかんとしているんだなと思って。
小泉	そうですね。私もう2ちゃんねる時代から全然平気で見てましたね。
TaiTan・玉置	(笑)
TaiTan	それを聞けて俺は大満足。
小泉	ドラマのオンエア中に自分で2ちゃんねる見てて、下手とかすごい言われてて「アッハハ〜!」とかいう。
TaiTan	怖い!
玉置	いやすご。怖い! どういう情緒?
一同	(笑)
TaiTan	怖くない?
玉置	怖いね。
TaiTan	俺そっ閉じしちゃいますね。いやなこと書かれてたら。
玉置	うん、そうだよね。
小泉	もうずっとヘタ、ヘタ、ヘタ、ヘタ書かれてたんですけど、宮藤官九郎さんと初めてドラマやったときに「やだ、下手って書かれない!」みたいになってきて、逆に(笑)。「物足りない!」みたいな。

一同	（爆笑）
TaiTan	どういうメンタル構造!?
玉置	すげえ笑ってるけど。
TaiTan	今日いちばん笑ってる。
玉置	そうね。
小泉	そう。だから今もやっぱり、エゴサをしながら、みなさんのご意見を取り入れながら。いい意見も悪い意見も知っとかないと戦えないかなと思って。
TaiTan・玉置	おお、なるほど。
TaiTan	なるほど。じゃあ僕がエゴサをするのもまあ芸の肥やしだと。
小泉	そう思います。「次の一手をどうするか」っていうために必要なことじゃない？
TaiTan	いやあちょっと勉強になりました。
玉置	たしかに。
TaiTan	もう落ち込むのやめます。
玉置	（笑）
小泉	落ち込まないでいいと思います。大概してると思いますけどね、みんな。「してない」って言いながら、してる人が多い気がします。
玉置	あーね、たしかに。
TaiTan	ああそうですか、それは安心しました。
玉置	うん、そうだよ。だから安心してください。
小泉	安心して。
TaiTan	はい、最後に聞きたかったのはエゴサについてでした。
小泉	はははは！　ありがとうございました。
TaiTan・玉置	ありがとうございました。ホ

ホントのタイタンさん・タマオキさんに
一歩踏み込む一問一答

口癖はなんですか？

お前はお前なんだよ（TaiTan、以下T）
なんなんだよ（玉置、以下玉）

好きなオノマトペは？

デュルシャン。ポケモン世代なので効果抜群が好き。（T）
ニッチー。小籔千豊氏が蒸しパンのラッピングを表すのに使用しており虜に。（玉）

好きなにおいは
どんなにおいですか？

揚げ饅頭とかの、そういう露店通り（T）
車を運転していてガソリンスタンドに寄ったときの、ガソリン。（玉）

スマホのライブラリに
たくさんあるのはどんな写真？

妻（T）
空や地面の写真が多いです。（玉）

今までに言われて
嬉しかったことは？

任せた。（T）
今日よかったよ。（玉）

遊園地などの
好きなアトラクションは？

トゥーンタウン。毒々しくていい。（T）
イッツアスモールワールド。並ばなくていいので。（玉）

会話中の沈黙、平気ですか？

基本玉置といるときは許さない。（T）
基本タイタンといるときは許されない。（玉）

飲食店などで隣の席の雑談に
聞き耳を立てることはありますか？

かなりよくある。逆に聞こえるように話
すこともあり、それをよく後悔している。(T)
気がついたら「なんなんだよ」と言って
いることはあります。（玉）

テレビやラジオなどに話しかけたり
リアクションしたりしますか？

面白すぎるラジオに出会うと、ベッドの
縁で2時間いることとかある。伊集院光
の馬鹿力との出会いはそうだった。（T）
気がついたら「なんなんだよ」と言って
いることはあります。（玉）

行きつけのお店はありますか？

うまいカレー屋は何度も行く。（T）
ある程度許してくれる店。（玉）

別の職業を選ぶとしたら
何がやりたいですか？

今と同じがいいです。（T）
建築系。祖父が大工だったので憧れが
あります。（玉）

人生観を変えた作品は？

ミスチル『Q』。ポジティブな諦念のかっ
こよさを知った。（T）
ジョン・クラカワー『荒野へ』人生が変
わりそうな危うさがあった。（玉）

「奇奇怪怪」

Kikikaikai spin-off: talking about "Narrative"

奇奇怪怪
番外編

「ホントのコイズミさん」で ナラティブを語る

なんと、『ホントのコイズミさん NARRATIVE』
だけで楽しめる特別な「奇奇怪怪」が実現！
ふたりが語る「ナラティブ」とは？

題字：玉置周啓

玉置周啓さん   TaiTanさん

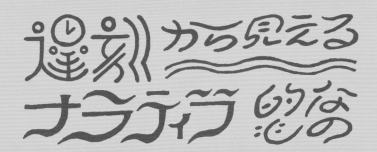

遅刻から見えるナラティブ的な

TaiTan	えー、TaiTan です。
周啓	玉置周啓です。
TaiTan	ナラティブね。
周啓	なんてったってアイドルね。
TaiTan	今回お話をいただいたのは「ナラティブというものについて喋ってほしいんだ」ということなんですよ。やっぱり周啓くんといえば、ナラティブ。
周啓	そんなことないのよ。
TaiTan	ナラティブとしてやってきたわけだから。そういうところでちょっと話せる話題もあるんじゃないかというね。それが小泉さんの本に載るんですって。
周啓	うんうん。
TaiTan	だから僕らがナラティブについて考えてることを喋っていければなと思うんですけど。どうだ？
周啓	どうだ？
TaiTan	ナラティブとして生きてきた身としてね。
周啓	ナラティブとして生きてきた身として？　それどういう日本語？　まあ、俺が、言えるのは……今日遅刻してすいませんでしたっていうことでね。ただ、遅刻しながら思ったのはさ、遅刻って事実としては「遅刻」だけど、フォーカスすると30分タクシーに乗ってたっていう、「30分という時間」でもあったんだよね。乗ってる間、君から「小泉さんが腹筋を始めました」とか連絡が来るたびに、「隙間時間そうやって使ってるんだ……」と

	感動したわけ。で、いよいよ「大車輪を始めた」っていうから（笑）。
TaiTan	「なんで棒が現場にあるんだ?」ってお前、とぼけたツッコミするなよ。あるだろそりゃ、棒。見ろよ。
周啓	あ、天井が鉄骨だったのね。
TaiTan	1時間みなさんをお待たせしてるわけだから、大車輪始めたってお前がそんな文句を言う権利はない。
周啓	「そう使うんだ!」と思って感動したっていう。前に収録したときも、小泉さんはスケジュールを自分で切ってコントロールしてるって話をしてたのが、結構印象的だったんで。「本当に隙間時間の使い方がうまい人なんだな」って思いながら来たら、小泉さんがいなかったので。本当に俺は資料読んでないんだなと（笑）。鼎談だと思ってたんですよね。
TaiTan	いや、お帰りになったの。お前がフルーツサンド食ってたから。
周啓	あ、やっぱり!?　なんで俺フルーツサンド食ってんだよじゃあ。
TaiTan	そういうナラティブなんだよ。
周啓	それで言ったら、俺以外のみなさんで、待ってる間にお蕎麦を食べに行くことになったって話を聞いたときに、それこそナラティブ的なものを感じたけどね。
TaiTan	（笑）。なんだよ、お前。民意の介入できる単語じゃねえんだよ。
周啓	あ、違うの?　そういうことじゃないんだ?　いやいや、事実としては遅刻だったんだけれど。
TaiTan	アングルを変えたらね。
周啓	そう、「お蕎麦をみんなで食べる機会にもなったんだ」って。それで精神を安定させていたタクシーの車内だったっていう話だね。
TaiTan	なるほどね。

TaiTan	ナラティブね。最近よく聞くよねっていうのはあって。
周啓	へえ、そうなんだ。
TaiTan	だとすればストーリーとナラティブってのは何が違うんだ？　っていう話になるわけよね。
周啓	同じ物語的な意味なのに？
TaiTan	物語の筋的な意味なのに。ストーリーっていうのがね、もうパッケージング性が高い客観物。他人がつくった制作物ですよ。一方ナラティブっていうのは、基本的には主観性が極めて高い。「こういう背景があって、こういうアウトプットになりました」っていう語りの部分だよね。アウトプットされた具体の制作物っていうのは、「そいつはそう語った」のであって、その軌跡みたいな。
周啓	うん、なるほど。
TaiTan	だから企業とかもやたらナラティブ、ナラティブ言うわけですよ、ね。よく言ってるだろ、みんな。猫も杓子も。
周啓	製品の質みたいのを、ずっとそれこそ作品的に追求してきた企業たちがね。
TaiTan	そうそうそう。だから、モフモフのファーの毛布があって、それをじゃあ、ゴールドウィンで買うのか、パタゴニアで買うのかってなったときに、「パタゴニアはそうか、あんなに自然界にいいことしてるんだ」っていう、背景の発信があるからパタゴニアで買いたくなるわけだ。製品が生まれるまでの背景であるとか、パタゴニア社というものが考えているビジョンだよね、ビジョナリーの部分。製品に辿り着くまでに、「そもそもな

んで私たちが存在しているのか」の部分で、受け取り手と握手をするということが、今とても重要になってる。それがストーリーとナラティブの違いね。まあ、広告とPRの違いともよく言われてますけど。そんな時代の中で、僕らが喋るべきはこれだけです。「ポッドキャストはなぜナラティブを紡げるのか」。ポッドキャストはなぜこんなに流行ったのかっていうことをね、喋りたい。

周啓　　　ほう。え、今日動画も撮ってんの？　恥ずかしー。

TaiTan　ABEMAで配信される。全部。

周啓　　　え、全部？　小泉さんの大車輪も（笑）？　なんなんだよ。

TaiTan　お前が誰も見てないと思ってひとりでうまい棒食べてるからだろ。ポッケに入れてんだろ、スマートに食べようと思って。

周啓　　　帰りにやるならわかるけど、スタートで入れてるやついないんだよ。

Podcastは如何に Narrativeに寄与するのか

TaiTan　さ、同時中継されてますけども。俺は、「ポッドキャストってのはいいぞ」っていうのをやっぱね、言いたい。なので私はこの時間を使って、「ポッドキャストは如何にナラティブに寄与するのか」という話をしたいと思うんだけど。ポッドキャストは流行ったわけだよね、コロナ以降とくに。で、嗅覚で察知して君もやっぱりポッドキャストを始めようと思ったわけで。

周啓　　　そうね、もともと。

TaiTan　そしたら渡りに船で俺に誘ってもらったんだよね、「どうせこいつひとりで勝手に動いてくれるから、ラッキーじゃないか」と。

周啓　　　そんなふうには考えてないけど。

TaiTan	何者でもなかった私たちが、こんなSpotifyの14階でね、フルーツサンドまでいただけるような番組をここまで継続できたんだっていうのは、結構おもしろい話だと思ってて。なんなら小泉今日子さんとお話をさせてもらうなんてね。
周啓	奇跡。
TaiTan	奇跡!　なわけですよね。じゃあなんで俺らがポッドキャストなんていうものを始めて、リスナーの皆々様に恵まれたのか。だって、冷静に考えてみろよ。素人なんだぜ、喋ってんの。小泉今日子さんが浦沢直樹さんと喋るんだったら、それはもうハイパーコンテンツ。
周啓	そうね。地上波でやってもおかしくないわけだから。
TaiTan	お互いただの素人が、ああでもないこうでもないって話をただただしてただけ。当然、「『花束みたいな恋をした』がおもしろかった」とかっていう、外部の人が「なんの話してんのかな?」って入っていきたくなるような話題のトピックを選んでいたにせよ、基本的には俺らの背景を知らないような人でも、聴いてくれてた。なぜだと思う?
周啓	でもやっぱ人に会えなくなったっていうのはでかいのかなって思うけどね。まずコロナで最初の半年くらい「家から出ちゃいけません」みたいな時期があったわけで。もうさ、無理矢理言うならね、作品とかをのうのうと楽しめるほど牧歌的な時期じゃないっていうか。もっと人と一緒に生きることが渇望されていて、切実だったんだよね。俺も普通に他のポッドキャスト聴いてたし、人が喋ってるのを普通に聴けるだけで嬉しいみたいな。
TaiTan	なるほど。声が恋しくて。
周啓	なのかな。君の問いがあったので、俺の回答はそれかな。
TaiTan	外れてもなければ当たってもないと思ってて。
周啓	なんだよそれ。いちばんつまんない……シャッター音と一緒じゃん。俺の発した音は。

TaiTan	いやね、やっぱそういうことだと思ってるんですよ。有り体で言っちゃうと、中身じゃないと思うんですよね、私は。俺らのことを何も知らない人でも、俺らの配信を続けて聴きたいなって思ってくれたのは、中身も当然あるんだけど、「ノリ」なんですよ。さっきのパタゴニア的な話で言ったら、「ノリ」がいいわけ。ノリっていうのは、テンションがいいとかじゃなくて、乗れる。「こいつ、乗れる」。
周啓	なるほどね。
TaiTan	出してくるアウトプットの質がいいとかっていうよりは、そもそもその主体の活動リズムとか、活動のスタンスそのものに対して、人間は支持を表明したり、時間やお金を使ったりすると思うんですよね。そうなったときに俺がすごく意識してたのは「ノリ」なんですよ。それはつまり20代後半くらいの男、もうちょっと細かく言うと、「カルチャーとかに関心があるような人間がふたりで仲良く喋っているのである」という、その事実。あるいはそういう軌跡そのものに、人は多分、粘着していくんですよ。あのね、情報は感染していかないんだけど、ノリだけは感染していくんですよ、リスナーに。……ここまでわかる？
周啓	授業？
TaiTan	わかるかな？　ここまで。
周啓	授業がよ。
TaiTan	感染ってすごく大事なのよ、これ。ナラティブみたいなものを喋る上で、「感染」とか「粘着」っていう言葉が俺はキーワードだと思ってて。作品とか商品みたいなプロダクト、あるいは情報っていうものは一方通行なんだよね。主体からお客さんに対して一方通行で、ただ届く／受け取るだけのものなんだけど、ナラティブ型のものは、混ざってくる／溶けていく。ノリがね。
周啓	それは届ける側と受け取る側がってこと？
TaiTan	そう。全ての発信者はオーディエンスと溶け合ってい

かなければいけない。それをやる上でポッドキャストっていうのは、むちゃくちゃ有効なメディアだった。

周啓　ほう、なんで？

TaiTan　溶け合うから。例えば、かの有名な若林恵という大編集者がいますけれども、彼が「ポッドキャストはVRなのだ」っていう仮説をずっと言ってて、なるほどと。VRが来る来る言われてて、頑張ってるけど来てない。でも意外と近いところでVR的な体験みたいなものが共有されているんじゃないか、それがポッドキャストの中に現れてるんじゃないかってことなんだよね。つまり、話者が喋ったことというのは、映像的な情報を伴わないから、基本的にそこで立ち上がる「画」っていうのは、リスナーの頭の中で想起してもらうしかないわけ。そのとき起きてることは話者とリスナーの間で共通の像を結ばせ合う、そういうコミュニケーションだった。これって極めてVR的なんだよね。実体とか物理を伴わないんだけど、頭の中にあるものをお互いが共有し合っている＝溶け合っている、という状況を達成したときに、「素人でも勝てるな」と思ったんだよ。情報をバンバンお届けするだけだったら、べつに学者さんがいればいいじゃん。

周啓　はいはい。

TaiTan　だし、小泉今日子さんが喋るから、みんなが注目する。そういう状況を今から俺らにはつくれないから。となったときに、俺らが取るべき手段は、やっぱVR的な空間をつくって。それはもうちょっと崩した言葉で言うと、俺の中では「ノリ」なわけですよ。「ノリ」をつくっていく。「俺らの考えてるイマジナリフィールドはこういう感じですよ」を共有していくと、うまくいくだろうなと思って。それをやる上でYouTubeよりもやっぱりポッドキャストのほうがイマジナリフィールドのレベルが高いから、ポッドキャストが最適だと。

周啓　なるほどね。視覚がないもんね。

TaiTan　ポッドキャストがナラティブにいかに寄与するかっていうのは、俺の中では要は受け取り手と、作品という単位じゃない形で結びついていける

のが、特徴としてあるんじゃないかなと思うわけだ。

周啓 声ってでかいよね。いちばんその人に接近した気持ちになるかも。カメラで顔にいくら近づいても、物理的な距離が接近した感じがしないけれども、イヤホン耳にぶっ刺してそっから人の声が聞こえてくるだけで、なんかささやき合う関係になってるんじゃないかみたいな錯覚が起きるというかね。それはたしかに特殊な体験だし、溶け合うというのはわかる。目で見るより脳に近い感じだね。

TaiTan そう、だから「耳」って重要で、ポッドキャストってのはそれをやりやすいんじゃないかなと俺は思ってた。ときどき「どうやってつくったらいいですか」みたいなことを聞かれることがあるんだけれども、いちばんよく言うのは、「ポッドキャストにおける価値の源泉って基本的に主観性のみっすよ」みたいなことで。常に偏ってなければいけないんだよ。あなたがどんだけ正しいこと言ってたとしても、そこに人はべつに興奮しないんだと。あなたが持ってる固有のアイデンティティとか、ノリ、偏り。そういうものの語りなのよ結局。「語り」っていうのは語り口じゃなくて語りの「切り口」。語っている具体の事象は、どうでもいいとは言わないけれども、究極べつに『君の名は。』について喋るのと、そこら辺のポップコーン……つーか、些細なもの。些細なものといえばポップコーンだからね、一般的に言ったら。

周啓 そんなことねえよ、べつに。

TaiTan あってもなくてもいいポップコーンについて喋ることと、大ヒットコンテンツで喋ることっていうのは、一見すると『君の名は。』のほうが耳目を集めると思われがちだけれども、ナラティブのフィールドに持ち込んでいると、ポップコーンですらいいわけ。「こいつポップコーンをこの切り口で喋るんだ」って。切り口っていうか「こいつらこういうノリで喋るんだ、乗れるわ」っていうその積み重ねが、何かを発信したりする人にはすごく求められてる気がしますね。

周啓 そうね。まあ簡単な話、好きな人の話だったらポップコーンの話だろうが、『君の名は。』の話だろうがおもしろいからね。

TaiTan	ソーソー！
周啓	なんだよお前、スタンプがよ。
TaiTan	（笑）。なんなんだよ「スタンプがよ」って。
周啓	LINEスタンプなんだよ、お前の相槌は。音声付きの。
TaiTan	俺がずっと言ってるのはそこなんだよ。つまり人はべつに情報を求めてるわけじゃなくて、自分が好意を持っている人間からの発信および結びつきを求めてるわけ。だとするならばまずは「自分たちはこういうノリなのである」と。俺の中でノリはOSみたいなもんで、それが入ってないと、どんなにソフトを届けたとしても入っていかない。それで君がWindowsとして、95年の。
周啓	なんでだよ。Vistaなんだよ。
TaiTan	だとして、そこの中に俺がいくらMacで使うKeynoteのデータを送り届けようと思っても、OSが違うから入っていけないの。みたいな感じ。
周啓	なるほどね。
TaiTan	そもそも基盤そのものをまず共有してからでないと、俺らの話なんて届かない。でも逆に言うと、そのOSをいろんな人の中にインストールできてしまえたら、そこに届けるソフトは『君の名は。』でもいいし、ポップコーンでも入っていける気がしました。とまあこんな感じで喋ってますんで、ぜひ「奇奇怪怪」を聴いてくれたら嬉しいです。ありがとうございました。
周啓	ありがとうございました。

Chapter

3

2023.04.24

蟹ブックス

花田菜々子

花田菜々子（はなだ ななこ）
東京生まれ。これまでに「ヴィレッジヴァ
ンガード」「二子玉川 蔦屋家電」「パン
屋の本屋」など数々の書店勤務を経て、
「HMV&BOOKS HIBIYA COTTAGE」に
て店長を務める。日比谷コテージの閉店
をきっかけに、2022年9月に高円寺に「蟹
ブックス」をオープン。著書に『出会い系
サイトで70人と実際に会ってその人に
合いそうな本をすすめまくった1年間の
こと』『シングルファーザーの年下彼氏
の子ども2人と格闘しまくって考えた「家
族とは何なのか問題」のこと』『モヤ対談』
がある。

東京・高円寺駅の南口にあるパル商店街のアーケードを抜け、ルック商店街に差し掛かった所をふいと曲がると、目に入るのは「本」の小さな丸い看板。今回は一度聞いたら忘れられない印象的な名前の本屋さん、「蟹ブックス」を訪れました。

数々の本屋を渡り歩いて辿り着いた「蟹ブックス」

小泉　今日は、お天気のいい日で。気持ちのいい日に、久しぶりにお外に出てみましたよ。高円寺の商店街からわりと近いですね。そんな場所にある蟹ブックスさんにお邪魔しています。よろしくお願いします。

花田　よろしくお願いします。

小泉　店主の花田菜々子さん。とてもかわいい名前ですね。ペンネームなんですか?

花田　本名です。昔から売れないアイドルみたいな名前だなって言われてました。

小泉　あはは!　たしかにアイドルをデビューさせるときに芸名を考えようって、きれいな言葉を並べるみたいな(笑)。すごくすてきなお名前です。蟹ブックスさん、蟹はあの「蟹」ですよね?

花田　はい、生き物の蟹です。

小泉　なぜそういうお名前になったんですか?

花田　自分の店を始めるときに、かっこいい名前とかセンスあるスマートな名前は似合わないなと思って、ダサかわいい名前が良かったんですよね。呼びやすくて親しみやすいというか。だから最初に決めたとき、もう本当にまわりのあらゆる人から「なんで蟹なの?」って(笑)。

小泉　　　ふふ！　ちゃんと漢字で蟹ですもんね。

花田　　　はい。でも、名付けてみてずっと呼び続けてみたらやっぱり「蟹ブックスで良かったな」って、なんかすごく響きがしっくりくるというか。生き物としての蟹もだんだん、どんどんかわいく見えてきて、今はすごく好きな名前になりました。

小泉　　　蟹座とかではないんですね？

花田　　　全然ないんです。

小泉　　　あはは。私も「ネーミングで横文字のおしゃれな名前をつけるのが恥ずかしい」って感覚がちょっとあって。私の会社は「明後日」って言うんですけど、音はいいじゃないですか、小さい「っ」が入ってるからちょっと跳ねる感じがして。これを「デイ・アフター・トゥモロー」とかにしちゃうとすごく恥ずかしくなるっていう。

花田　　　たしかに「明後日」も聞かれそうですね、すごく。「なんでわざわざ明後日なんですか」っていう。

小泉　　　そうなんです。これちょっとできすぎた話になっちゃうんですけど、私「今日子」っていう名前なんですよね。それで舞台の制作とかをしたりする会社なので、舞台制作に長けた子をひとりスカウトしたんですけど、明日の子って書いて「明日子」っていう名前だったんです。

花田　　　えー！　嘘みたい。

小泉　　　そう。なので今日、明日、明後日がいいかなって。

花田　　　すごくいいですね。

小泉　　　そっか、それで蟹ブックスさんなんですね。そして2022年の9月1日にオープンされた。

花田　　　はい。なので7ヶ月ぐらい営業したことになります（2023年4月時点）。

小泉　　　なるほど。高円寺の駅からすぐそこ。通ってみたら商店街

ですぐ駅って感じでしたよね。

花田　雨の日も濡れずに駅から帰れるんで、そこがすごくいいなって気に入ってます。

小泉　なぜ本屋さんを開こうという思いになったんでしょう?

花田　私自身が学校を卒業してからずっと本屋で働いていて、本屋を転々としているんですよ。それで最後までいたお店が閉店することになってしまって、「次に働く本屋さんを探してもいいし、どうしよう」って思っていたんですけど、自著を出させていただく機会があって、それでちょっとだけお金が貯まっていたんですよね。で、その印税を使ってやるなら、まあこういうことしかないんじゃないかって思って。自分で本屋をやるってことは、もう動けなくなっちゃう気がして、それよりはいろんな所へ動いてるほうが好きだったので「まだ早いかな」って迷ってたんですけど、「もう今しかないのかもしれない」と思って決めました。

小泉　その勤めていらした本屋さんっていうのは、大型書店もあるんですか?

花田　わりと変なお店が多かったんですけど、大きめな所もあれば全国チェーンの所もあるし、本当に小さな本屋さんで雇われ店長をやっていたこともあるしっていう感じです。

小泉　ヴィレッジヴァンガードの店長さんだったんですよね?私やっぱりヴィレヴァンに行くと心が弾みます。下北沢のヴィレヴァンによく行くんですけど、1個ずつポップを見てたら時間があっという間に過ぎちゃう(笑)。なんか「大人の駄菓子屋」みたいな感じで、なんでもあって楽しい。

花田　ああ、嬉しい。そうですね。この「本屋を真面目なだけにしたくない」とか「かっこいいだけにしたくない」っていう気持ちは、やっぱりヴィレッジヴァンガードの血が流れてるの

も大きいのかも。

小泉　ああ、スピリッツが。

花田　ふざけちゃうんですよ、すぐ。

小泉　でもそれがやっぱりずっとヴィレヴァンの魅力だったりするから。それをチルドレンが受け取って（笑）。

花田　そうですね、正しく継承していっているのかもしれないです。

小泉　子どものころから本は好きだった？

花田　本は好きだったけど「まさか仕事にするとは」って思ってましたし、働き始めてからのほうが本を好きになったような気がします。

小泉　なるほどね。コンセプトは？

花田　自分が今書評を書いたりするお仕事もさせていただいるので、まずはシェアオフィス兼本屋っていう感じにしたかったんですね。当時一緒に働いてた友だちというか同僚も、それぞれ別のデスクでできる仕事があったので。みんなで家賃をちょっとずつ負担しながら本屋さんだけをやっていても、やっぱり本屋さんって儲からないんですよね。なので少しずつ負担を和らげながら、本屋だけじゃない場所にできたらいいなっていうのが最初にありました。でもシェアオフィスだけにするのではなくて、イベントもやりつつ、ギャラリーでもあるし、みんなで遊べる場でもあるっていうのがまず目指したことです。

小泉　たしかにデスクワークで文章を書くってどこでもできるといえばできるけど、「ここじゃできない」って場所もあったりすると思うんです。けど、ここはぴったりかもしれないですね。私も文章を書くことがたまにあるんですけど、家だとサボりがちなんですよ。

花田　私もそうなんですよー！　もうだって横になれちゃうし、冷

蔵庫開けたらおいしいものも入ってるしって（笑）。

小泉　そうなのー、テレビつけちゃうし。ちょっとお部屋のどこか
が散らかってたりすると「なんかあそこが散らかってるから
これやる気が出ないんだな」みたいな感じで、先に掃除し
始めちゃったりとか。気が散っちゃうんですよね（笑）。だか
らある程度気が抜けない状況でもありながら静かで……。

花田　そうなんです。だから2時間ぐらい集中してやって「あ、も
うやめたい！」ってなるじゃないですか。「もう今日は終わ
りにしたい」と思っても、お店だと「いや、でも閉店の20時
までいないとなんないからな」ってなって、諦めてやる（笑）。

小泉　「もうちょっとできるかな」って？　それすごくいい考えか
もしれないです。

人生が激変した、ある「修行」

小泉　お出しになった本がすごくおもしろいタイトルなんですよね。
『出会い系サイトで70人と実際に会ってその人に合いそう
な本をすすめまくった1年間のこと』っていう（笑）。これは
実体験なんでしょ？

花田　はい、そうです。

小泉　出会い系サイトで出会った人とお茶を飲んだりとか、ファミ
レスに行ったりとか。

花田　そうですね、30分ぐらい一緒に過ごしてその人のお話を聞
いて、最後に「この人に合いそうな本」とか、あるいは「どう
いう本が読みたいです」っていうのを言ってもらって、「じ
ゃあこんな本どうですか？」ってすすめるという修行をし
ていました。

小泉　なるほど。出会い系サイトっていうのは恋愛目的で行われ

ているものなんですか？　そうではないんですか？

花田　それがちょっと特殊なサイトで、異業種交流じゃないんですけど、例えば起業されている方とかが多く参加していて、みんなで情報交換したりあるいは雑談したり、同性でも会えるっていうサイトだったんですよね。

小泉　あ、そうなんですね。私はそういうのを全然利用したことがないから出会い系サイトというと恋愛をするために会うっていうことだと思っていたんですけど。でも、いろんな職業の方とそのサイトで出会えて、で最後に本を。占い師みたいですね、少しね。とくに印象に残っていることはあるんですか？

花田　最初はやっぱり恋愛目的の方というか、セックスができるかもしれなければ誰でもいいっていうような人と続けて会ったりしてめげたりもしたけど、自分にとってはその辛さよりも「知らない人と話せたってすごいな」っていう気持ちのほうが強くて。やっていくうちに自分もどんどんコツがわかってきたし、まわりの人も「もっとこうしたらちゃんとした人と会えるようになる」っていうのを教えてくれたりして。

会った人とだけじゃなくて、それ以外にも世界がどんどん広がるようになったというか。「こうやって知らない人と喋れるんだったら、べつにこのサイトに登録してない人でも、会いたいっていうちゃんとした理由があればメールして会ってもらえるかもしれない」と思うようになって。「じゃあ自分が世の中でいちばん会いたい人って誰だろう？」って考えて、その人に会いに行ったりしたんですよ。そういうことができるきっかけになりました。

小泉　知らない人と会うって、私もまあ仕事を通してだったらもちろんあるけど、「仕事」っていう保険があってもすごく緊張したりとか、「とっつきにくい人だったらどうしよう」とかドキドキしながら行くわけだから……なんかすごく度胸がつきそう（笑）。

花田　そうですね。保障されてない危ない場所だったから良かったというか、当時の自分は続けていた仕事もうまくいかなくなって、結婚してたんですけど「もう離婚するしかないかもしれない」ってなっていてどん底だったんですよ。だから生ぬるいことでは元気が出ないと思ってたんです。

小泉　たしかに、荒療治。

花田　そうですね、まさに。

小泉　これがいつ出たんだっけ？

花田　5年前ぐらいですね。やっていたこと自体は10年前の話になるんですよもう。今はマッチングアプリで恋人をつくるのもそんなに変なことじゃなくなってるんですけど、10年前はやっぱり出会い系サイトをやってるなんて、本当に人に言えない感じでした。

小泉　そうですよね。やっぱあんまりいいイメージがないっていう、言葉自体にも。

花田	「そんなにがっついてるの?」とか「そんなに誰とでもいいからセックスしたいの?」とかそういうふうに、男の人も女の人も見えてしまうというか。
小泉	ああ、なるほど。でもすごくおもしろい体験。そしてもう1冊あるんですね著書。これもまた。
花田	長くてすいません、タイトルが (笑)。
小泉	『シングルファーザーの年下彼氏の子ども2人と格闘しまくって考えた「家族とは何なのか問題」のこと』。これも実体験?
花田	実体験です (笑)。
小泉	うわあ、おもしろそう! 男の子2人ですか?
花田	そうなんですよね、当時小学5年生と2年生かな。たまたまお付き合いしようって思った人にお子さんがいて、「それってじゃあ結婚するってことなのかな」とか「自分がお母さんの役割をするってことなのかな」って。でも子どもが少し大きくなっちゃってるのでいきなり「お母さんですよ」っていうのも違うし、そもそもそれをみんな求めてるのかなって考えてるうちに「家族ってなんなんだろう?」に行き着いたという体験記です。
小泉	すごくいいテーマかもしれないですね。私、韓国ドラマがすごく好きなんですけど、複雑な人間関係とかそれぞれの心の闇みたいなのを描いているストーリーで、全く血も繋がってないけど、そういうものを一緒に乗り越えた人たちを最後に家族と呼ぶみたいな、そういうテーマのドラマを何本か続けて観てて。なんか今それを思い出しました。
花田	そうなんですよね。家族って血が繋がっていることが大前提って思う人が多いけど、やっぱりこうやって店をやっててもスタッフってなんだか家族のような、家族よりいる時間が長いなって思ったりもしますし。出入り自由でいいなっ

右／花田菜々子
『出会い系サイトで70人と実際に会ってその人に合いそう
な本をすすめまくった1年間のこと』
左／花田菜々子
『シングルファーザーの年下彼氏の子ども2人と格闘しまくっ
て考えた「家族とは何なのか問題」のこと』

　　　　て思うんですよね。大勢で働く書店でも、誰かが抜けて、別
　　　　の誰かがまた入って……というのも緩やかに家族だなって、
　　　　ずっと本屋で働いていても思います。
小泉　　私もすごく長く所属していた事務所には本当に何十年もい
　　　　たんですけど、そこを独立したいって言ったときに、血の繋
　　　　がった本当の家族よりも家族感……娘のようにとか家族の
　　　　ように思ってくれてて、すごく説得するのが大変だった（笑）。
　　　　大変というか、なんだろう「ああ、家族なんだな。この人か
　　　　ら見て私」みたいな。そういうのをすごく感じたことがあって。
　　　　きっと本当の家族からはとっくに独立しちゃって、その独立
　　　　した形がまた新しい家族の形になってるっていうのが本当
　　　　の血の繋がった家族との関係性になってたけど、事務所に
　　　　は15、6歳から50近くまでいたから、「こっちのほうが絆が
　　　　すごくなってて大変！」みたいな（笑）。その家族とは一緒に
　　　　いらっしゃるんですか？
花田　　結局、結婚や同居もせずに緩やかに繋がっていくっていう
　　　　選択をして、今も続いているんですけど。まあそれでもい
　　　　いかなって思うんです。
小泉　　いいと思います。そっか、そういう関係は「ステップファミリ
　　　　ー」っていうふうに言うんですかね。

花田　　はい。でも、例えばそういう本を探して読んでみたいと思っても、みんな結婚とか同居を前提に書かれてたりするんですよね。だからやっぱり「そうならねばならない圧」みたいなものが存在してるんだなと思って。「結婚しない、同居もしない」って言うと、やっぱり「なんで?」を問われる感じはありましたね。そこを自分の手で問い直してみたいなという気持ちがあって。

小泉　　そうなんですよね。私も自分が若いときってやっぱりそういった「男女が出会ったらその先に絶対に結婚があるのでは」みたいな、誰にもべつに教わってないけど自分もなんかそういう考えのもとに生きちゃったっていう感じがあって。だからいつもどっちかを選ばなきゃいけなくて、間違えちゃった（笑）。で、それが少し罪悪感になっちゃったりとか。そういうことを繰り返してきたと思うんです。殊に恋愛とか男女とか、人と生きるみたいなことに対して。でもこの本もそうだけど、少しずついろんな人たちがいろんなことを発信しているのを見て、「ああ、もう一度10代からやり直せたら、違うの試してみたいな」って。やり直せないけどね。でもそれこそ花田さんじゃないけど、若い人と話すときにそういうことで悩んでる人がいたら、「この本読んでみたら?」ってすすめることで、少し楽にしてあげられたらいいなって思いました。でも本当にそうですもんね。今思えば「こっちか、こっち」の二択じゃなくて他にもいっぱい道があったんだなって。

花田　　1冊目の本のほうに書いたら「共感した」って言ってくださった方が多かったんですけど、私もやっぱり結婚とか出産とかを「する、しない、どっちですか?」って問われることがすごく多くて、ずっとそこに対してもごもごしていたんで

す。それを真面目に考えてない自分がいけないんだと、自分を責める気持ちがあったっていうか。でも人に本をすすめまくるっていう変な修行をした果てに「自分はその話題に興味なかったんだ」っていうことに気づいたんですよね。

小泉　すご（笑）！

花田　私と関係ない質問にずっと答えようとしていたから、こんがらがって苦しくなっていたけど、「私の答えたい質問ってそれじゃなかった！」っていうのがすごく大きな発見で。

小泉　すごいすごい！　そうなのかもしれないですね。本当に女の人がある年齢になると必ずね。「結婚しないの？」とか、また少しさらにいくと「子ども産まないの？」とか「産んどいたほうがいいよ」とか「相手誰でもいいから産んじゃえば？」とか。

花田　ひどすぎる（笑）。

小泉　今はほら、卵子を凍結できるから「早いほうがいいから凍結しとけば？」とかさ。すっごく言われるんだよね。

花田　うんうんうん、ほんとそうですよね。

小泉　で、「ポカーン」ってするんだけど、でもそう言われるとたしかに体にリミットがあるから、悲しくなってきちゃったりとかして。

花田　そうなんですよ！　脅されちゃう。

小泉　だから一時は、同世代の友だちとかちょっと年下の友だちとかも子育て真っ最中だったりして、会うと子育ての話をばーっとされたりして、それはそれで微笑ましくも思うんだけど、自分の心のどこかが痛んでいくみたいな。「『私はこれを諦める』っていうふうに思っちゃわないから悲しいのか」とか、いろんなことを複雑に考えるみたいな時期はありましたよね。でもそんな荒療治でそこに辿り着けるって、なんかちょっと目から鱗かも。

春におすすめの1冊

小泉	ここはすてきなビルの2階にあるんですけど、蟹さんの看板がビルの2階の所にくっついているんですよね（笑）。
花田	片っぽから見ると蟹の絵がついてて、片っぽは「本」ってちっちゃく書いてあるんですよ。
小泉	あ、そうなんですね。私じゃ蟹のほうしか見なかったんだ。そう、その看板もすごくかわいかったんですけど、お店の中もかわいいので見せていただきます。扱っているのは、古書ではなくて新しい本ですか？
花田	新刊ですね。
小泉	選書も花田さんがやられているんですか？
花田	ほとんど自分がやっています。スタッフが「これいいから」って仕入れてくれるときもあるんですけど。
小泉	ペパーミントグリーンの壁もすごくかわいいですね。
花田	これ、みんなで塗ったんです。よく見るとちょっと塗りムラがあります。ここととか。
小泉	たしかに（笑）。ここに蟹さんがいますね。
花田	お客さんがみんな蟹グッズをどんどん持ってきてくれるんですよ。
小泉	きっとどこかにお買い物とかに行って蟹を見つけたら、「あっ、買っちゃおう！」とか「今度行くときに持っていこう」って思っちゃいそう。あ、永井玲衣さんの『水中の哲学者たち』。
花田	私も大好きな本なんです。この辺は「人文書」っていわれたりするんですけど、哲学もあるし社会学もあるし、フェミニズムの本もよく売れています。あと体とか脳とか、死ぬこと・死に方のこととかの本もあります。
小泉	そうですよね。最近私たちの世代とか私の上の世代の人た

ちと話してて「何にいちばん関心がある？」って聞くと、みんなやっぱり「死」って言うんですよね。

花田　いいですね。

小泉　どう死ぬかも含めて「どう生きるか」っていうので、やっぱり死についてもっと真剣に考えたり、明るい所で話すべきなんじゃないかみたいな気分になってる人が多い。

花田　タブーじゃなくて。この辺は、仕事とかビジネスの本を並べようと思ったんですけど、その本が全然売れなくて。

小泉　ここに来る人はそういう感じじゃないかもしれないですね。

花田　そうなんです。なんか働かない本ばっかりになってしまうんですよ（笑）。「社会を変えていく」とか「無駄なものを大事にする」とかそういう本がよく売れていますね。

小泉　さっきのお話じゃないけど、「ずっとこうだと思ってた」ってことから解放されて「どう生きるか」みたいなところにウィズコロナ生活もあって、「ちょっともう1回考えよう」みたいになってることはあるかもしれないですね。春が来て新しい生活が始まっている人がいたり、その生活に「なんか馴染めないな」なんて思ってる人がいたり、いろいろあると思うんですけど、春のおすすめってなんかありますか？

蟹ブックスが入っているビルについている小さな看板。片方はお店のロゴ、もう片方には「本」の文字。

花田　私が最近読んでいちばんおもしろかった本なんですけど、自分の本と同じぐらいタイトルが長い（笑）。『千葉からほとんど出ない引きこもりの俺が、一度も海外に行ったことがないままルーマニア語の小説家になった話』

小泉　どういうこと！　あははは！

花田　意味わからないじゃないですか。まず「なんで？」ってなる。それがなんでかをまず知らないと、もう気が済まないと思って読んだんですよ。読み始めたらその理由を知る前に、文体がすごくおもしろくてそれに引き込まれちゃって。ちょっとライトノベルみたいな「俺って○○なんだよな」「そういうわけで○○したんだよ」みたいな語りなんです。少しだけネタバレすると「たまたま偶然で」とか「誰かに見出されて」とかじゃなくて、まず映画がすごくお好きで、ルーマニアの映画をきっかけにルーマニア語っていうものに興味を持って、本人がめちゃくちゃ熱くそこに入り込んでいくんですよね。「ルーマニア語のことをもっと知りたい！」ってなって、ガンガン行くから出合ってしまうというか。言語に対しての愛も深くて、「ルーマニア語ってこんなにすごいんだ！」って感動してる姿も伝わるし、その熱量でルーマニアの人にどんどんアタックしていくから、世界がどんどん広がってい

済東鉄腸
『千葉からほとんど出ない引きこもりの俺が、一度も海外に行ったことがないままルーマニア語の小説家になった話』

って、そりゃ小説書くことにもなるわなと（笑）。この人自体が「バズってやろう」とかじゃなくて、本当に純粋に愛してるっていうのが伝わって。だから自分も読んでいてすごくわくわくするし、ヒーローみたいで応援したくなるっていうか。

小泉　へえ。本の最後のほうには「ルーマニアックプレイリスト」。ルーマニアの映画とかCDとか本とかの紹介が何ページにもわたってあったりする。

花田　本当に好きで好きでたまらないっていう感じが、久々に読んで爽やかに熱くなれて「ああ、自分も頑張ろう〜！」ってワクワクしましたね。

小泉　「来るべきルーマニアックのための巻末資料」（笑）。「ルーマニアック」っていうのもかわいい言葉ですね。……へえ！これいいかも。だって逆に今ってインターネットとかで世界と繋がってるから、それこそ本当にどこにも行ったことがないけどどこにでも繋がれたり、こんなふうに世界が広がったりっていうのが……、

花田　そうなんですよね、情熱さえあればもう本当に。コロナでやっぱりずっと人と会えないことが続いていたし、それが理由でやりたいことを諦めざるを得なかった人とかも沢山いると思うんですよ。でも「え、こんなのありなの⁉」って思わせてくれるというのはすごく良かったです。

小泉　ね！　たしかに、すごく良さそう。勇気も出そうだし、その熱みたいなのを「自分もあったなあ、思い出さなきゃ！」みたいな気にもなりそう。

花田　本当にそんな感じの本です！ ホ

ホントのハナダさんに一歩踏み込む
一問一答

口癖はなんですか？

「それな」とか「ありよりのあり」とか言ってみたかったのに、一度も言えないまま流行が終わってしまった。

好きなにおいは
どんなにおいですか？

夏の、雨が降る前のアスファルトのむわっとしたにおい。

今までに言われて
嬉しかったことは？

お店も、何かを書くことも、誰かに元気になってもらうための仕事でありたいなと思うので、「元気が出た」と言われるとうれしい。

好きなオノマトペは？

ワクワク。ワクワクするようなことが好きだし、これを言い換えられる日本語が他にないので。本をおすすめするときもすぐ使ってしまう。

スマホのライブラリに
たくさんあるのはどんな写真？

飼っているインコのピンボケな写真。店のSNSに上げる用の本の写真。夜明けや夕焼けの空の写真。

遊園地などの
好きなアトラクションは？

水の中をボートで進んでいく系の乗りもの。そこに水があることも、塩素のにおいも、高い天井に反響する音も、すべてが最高。

会話中の沈黙、平気ですか？

最近はもうそういうことをあんまり考えてなかったかもしれないです。

飲食店などで隣の席の雑談に聞き耳を立てることはありますか？

逆に、聞こえすぎて内容が入ってくるのが苦手なので、隣りが外国語話者の方だとめちゃくちゃうれしい。聞き取れない言語の話し声は大好き。

テレビやラジオなどに話しかけたりリアクションしたりしますか？

家でラジオを聴いてるときはけっこう声を出して笑ってるかも。外だとにんまりするくらい。

行きつけのお店はありますか？

定期的にパトロールしている本屋は丸善丸の内と池袋ジュンク、新宿ブックファースト。特に丸善丸の内が好き。

別の職業を選ぶとしたら何がやりたいですか？

パン職人。大学生のときパン製造のアルバイトをしたが、あれ以上楽しい仕事をいまだに知らない。ふつうに今でもやりたい。

人生観を変えた作品は？

1冊だけ選ぶなら、14歳のときに読んだ岡崎京子『リバーズ・エッジ』。この作品側の世界で生きることを決めさせられたと思う。

Chapter

4

2023.05.08 / 05.15

永井 玲衣

Rei Nagai

永井玲衣（ながい れい）
哲学者・文筆家。哲学研究と並行して、
学校・企業・寺社・美術館・自治体など
で哲学対話を幅広く行っている。哲学エッ
セイの執筆も行い、2021年に初の単行
本『水中の哲学者たち』を上梓。連載に「ね
そべるてつがく」「世界の適切な保存」「問
いはかくれている」「むずかしい対話」など。
独立メディア「Choose Life Project」や、
音楽家の坂本龍一・Gotch主催のムー
ブメント「D2021」などでも活動。詩と植
物園と念入りな散歩が好き。

2023年5月の初め。スタジオに来てくださったのは、哲学者の永井玲衣さん。永井さんが、いろいろな所で行っている「哲学対話」についてや、そもそもどうやって「哲学」に出合ったのか、そのきっかけなど、たっぷりとお話をうかがいました。

哲学は日常にたくさん落ちている！

小泉　今日は、ちょっと視点を変えるだけで「対話が哲学になる」みたいなお話を、永井玲衣さんとさせていただきます。よろしくお願いします。あの、すごくきれいなお名前ですよね。ご本名ですか？

永井　はい、本名です。

小泉　お名前の由来ってご両親から聞いたりしたんですか？

永井　「らりるれろ」で始まる名前がいいっていうのを母がオーダーしたようなんです。それでたぶん「れい」っていうのがつけられたんです。男の子でも女の子でも、どちらでなくても通用する名前……。

小泉　音的に。れいさん、きれいだなあ。

永井　わ、嬉しい。ありがとうございます。

小泉　なんか、ご職業にぴったりだなと思いました。今、私の目の前に『水中の哲学者たち』という本が置いてあるんですけれども、これはエッセイ集なんですよね？

永井　そうなんです。私がいろんな場所で試みている「哲学対話」というものがあるんですけれども、その中で人々と対話したり聞いたお話をもとに、私が表現をしているものになりますね。

小泉　へえ。その「哲学対話」っていうのは、いろんな場所でされ

永井玲衣
『水中の哲学者たち』

てきたんですよね？

永井　そうなんですよ。まあ、まだ10年ぐらいしか……。

小泉　もう10年、とも言える。「10年」って。

永井　あはは、そうか。10年ぐらい続けているんですけど、場所は
　　　さまざまで小学校だったり、大学だったり、自治体だったり、
　　　何か「居場所」のような所でやらせていただいたり、お寺、
　　　美術館……本当にどこでもできるんですよね。

小泉　具体的にどんな感じで進めていくんですか？　その哲学対
　　　話というのは。

永井　そもそも、「哲学」って小泉さんどういうイメージですか？

小泉　「何を以て哲学って言えるのか、っていうのが言葉にできな
　　　い感じ」っていうイメージのまま止まっているのかも（笑）。

永井　そうなんですよ、「哲学って何？」って問うと「んー……」み
　　　たいな。とくにイメージがなかったり、「難しい」とか「特定
　　　の人が一生懸命やってるもの」みたいなイメージがあった
　　　りすると思うんですよね。でも私は哲学っていうのは「なん
　　　でだろうな」とか「もやもやするな」とかいったことに「ふと
　　　立ち止まって考える」という営みそのものだと思っているん
　　　ですね。そうすると専門的な学問っていうわけでもないし、
　　　じつは私たちが「常に、すでに、してしまっているもの」だ

と思ってるんです。小泉さんは子どものころ、「なんで生きてるんだろう?」とか……、

小泉　　はい。よく思っていました。

永井　　思ってますよね。「ああ、今日なんでこうなんだろう」とか「ああ、なんでLINEっていちいちこんなめんどくさいんだろう」とかでもいいんですけど、そういうため息のような、つぶやきのような問いというものが、私たちの日常にたくさん落ちている。それをちゃんと拾い集めて問いの形にして、人々と一緒に対話で考えるというのが「哲学対話」なんですね。実践者によっていろんな開き方があるんですけども、私は参加した方々の問いをまず聞き取って、ひとつ決めてそのあとにゆっくり「これってどういうことなんだろう」とか「なんでそうなんだろう」っていうふうに、何か正解を目指すというよりは、もやもや掘り下げていく、わからないことを見つけていく、みたいな道のりを「哲学対話」と呼んでいますね。

小泉　　へえ。楽しそうですね、参加したら。私もよく子どものころにベッドに入って眠れないなって思っていたときに、「私って誰なんだろう」とか「きっと私は私だけじゃない。他の次元にも私がいてその人が動くから私が動いてるんじゃないか」とか、変なこといっぱい想像し始めて全然眠れなくて。朝、学校に行けないぐらい、具合が悪くなるぐらい寝不足になったりするようなところがあって。でもまだ小さいから言葉にもできなくて。少しずつ成長していく中で、映画を観たり本を読んだりしたときに「あれ?　私と同じようなことを考えてた人がここにもいたから、私は大丈夫なのかもしれない」っていうので少しずつ埋まっていったみたいなところがあったんですけど……。対話を通して少しずつそういうもやもやの先に導いてくれる感じなんですかね?

永井　「ああ、そんな小泉さんがいたんだ……」って、聞くだけですごい嬉しくなっちゃうんですけど（笑）。哲学とか「なんで生きてるんだろう」なんてことを日常で言うと「大丈夫？」とか「病んでる？」とか。

小泉　心配されたりね。よく言われました、私は。

永井　ねえ。「どうでもいいじゃん」とか「まあそれはそうとして」とか、流されてしまうんですよね。それがずっとなんでなんだろうって不思議に思っていて、「これを考えているのは私だけなんだろうか」って思ったりもする。でも哲学対話の活動を続けてると誰もがみんなそういう経験をしてるんです、ちょっとずつ。哲学の問いって「あんまり良くない」とか「どうでもいい」とか「生産性がない」とかそんなふうにちょっとごまかして、忘れたふりをしたりして、私たちが生きている「社会」でもあると思っているんです。ひとりで考えるともう眠れなくなっちゃったりとか、「どうしよう」ってすごく思い詰めちゃったりもする。

小泉　ほんとほんと！

哲学はみんなでするもの

永井　「哲学をしている姿を絵に描いてください」って言ったら、小泉さんどんな絵を描きます？

小泉　私は……空のような色のグラデーションみたいなイメージでした。今言われてぱっと思い浮かんだのは。

永井　へえ！　思考がグラデーションの中にもやもやもやもやしているような？　それは小泉さんがひとりでお布団の中で考えたときの頭の中っていう感じですかね。

小泉　そうですね。

永井　ああ、すてき！　そうですよね。そうやってもやもや考える、それってとても「私だけの世界」になってしまう。ひとりで考えてると思い詰めちゃったりとか、ひとりきりで孤独に考えるみたいなことと紐づきやすいと思うんですね。でもそれをみんなで考えてみると、そこにまた別の色が混ざったり「あ、そういう考えあるんだ」とか「あ、みんなも考えてたんだ」って驚いたりと、会って対話をすることによって一緒に気づいていく。だから哲学はひとりじゃなくて、むしろみんなでするものなんだっていうのが私の基本的な姿勢なのかなと思いますね。

小泉　たしかに人と話をすることで途中までしか道がないと思っていた先の道が見えるってことは、よく経験してきたなと思うんですね。例えば新しい映画をつくったりアルバムを出したりすると、1日中たくさんの媒体の人に次から次へと取材される日があるんです。いろんなライターやインタビュアーの方が来ていろんな質問をしてくれるんですよね。できあがったものに対して、最初は自分だけのすごく小さな思いで喋り始めるんですけど、聞かれたことによって初めて「あ、そうか」って考えることが増えていく。だから、その1日を終えて帰ったあとには小さかった世界が結構広がってて、自分の言葉自体も広がってて、「やっぱり人に聞かれないと改めて言葉にしないんだな」「しようと思ってなかったことまで言葉になっていくんだな」と。自分がつくったアルバムなのに、人に聞かれて自分の理解が深まっていくみたいな感じがあるんですよね。

永井　ああ。それが私がこの10年ぐらい哲学対話を続けていちばん驚いたことなんですよね。私の考えっていうのは、たったひとりで練り上げるものじゃなくて、「誰かに問われるから

初めて考えられる、聞かれるから話せる」っていうふうに。あらかじめ私というものが確立して、主張をしっかり持っていてっていうことじゃなくて、まさしく「対話」することによって言葉が引き出されていく。だから対話ってとても創造的なものだと思うんですよね。何かすでにあるものをぶつけ合う、それを私は「議論モデル」って言うんですけど、勝ち負けを決めるみたいな、そういうのとは全然違って、哲学対話をしてると、参加される方が「あ、自分ってこんなこと考えてたんだ」ってよくおっしゃるんですよね。

小泉　そう！　そんな気分でした。

永井　だから自分が語った考え、思いすらも一度みんなの前に出されて、またそれに対して問いが重ねられて、また改めて語り直されていって見つけていくっていうのが対話の醍醐味だなと思いますね。

小泉　そうですよね。自分のことを話す場面もわりと少なかったりするじゃないですか。それこそ若いうちって、お友だちとか家族の前とかぐらいしか話す場所がなかったりすると、慣れてないっていうのもあって言葉が出るのが遅くなったりするだろうし。それは大人でもあまり普段たくさんの人とお話しする機会がない人って、きっとドキドキするだろうし。だけどそうやってみんなが話していると、ちょっと勇気が出て言葉にしやすくなるっていうのもあるかもしれないですよね。

永井　まさにそうだと思いますね。私が哲学対話の場を開くにあたって「"大丈夫だと思える場所"ってどこにあるんだろう？」っていうのをずっと問いとして抱いているんです。というのも、人が集まって何かを考えるってとても難しいことじゃないですか。ちゃんと聞いてもらえないとか、話せる場がないとか、ちょっと頑張って話してみても「どうでもいいじゃん」

って言われちゃったりとか。あるいは「論破」されちゃったりとか、「論破しなきゃ」って思っちゃったりとかする。うまく話せないっていうことはつまり、その場があんまり自分にとって大丈夫じゃないっていうことだと思うんですよね。だから「哲学対話」という言葉を借りて「大丈夫だと思える場所」「ここなら話せる、聞いてもらえる、聞けるっていう場所」をつくりたいってずっと思ってるんです。そこに集う方々は参加することによって「初めてこうやって話せた」とか「ちょっと安心できた」って言って、大人も結構泣いちゃったりとかするんですよ。

小泉　ああ、わかる気がします。

永井　みんなやっぱりとても苦しい場所で生きているし、傷ついている。でもここは水中にぐっと潜るように深く考えて、互いの声を聞き合う場所をつくりましょうと。それで本のタイトルも『水中の哲学者たち』にしたんですけど。そういう場所をつくりたいっていう思いはずっとありますね。

小泉　水中に深く潜って共に考えるっていうので思い出したのは、シュノーケリングをやったことがあるんですけど、喋れないじゃないですか、シュノーケルしてるから。海の中を覗いてて「すっごくきれい！」とか「あ、亀が泳いでる！」とか思うんだけど誰にも言えないんですよ、その瞬間は。「全部ひとりで受け止めなきゃいけないんだ、この時間は！」って。

永井　ああ、おもしろい。

小泉　それが気持ち良くてですね。受け入れてからは上がるのがいやになっちゃうぐらいもうずっと潜ったり上がったりしながら「この感動を誰にも言えないって、おもしろ〜い！」みたいになっていったんですよ。今まで水の中で潜りながら何かを思ってるけど言えなかったっていう状況だった人た

ちが、その対話によって初めてシュノーケルを外して話せるみたいな感じなのかも（笑）。

永井 あはは、たしかに！　哲学対話って対話しているその時間だけで終わりじゃないと私は思っていて。哲学対話の終わり方って結構いろいろあるんですけど、私は時間が来たら急に終わるんですね。みんながすごく盛り上がってて、わくわくしてる最中でも「はい、では時間が来たので終わります。ありがとうございました」って言って終わらせちゃうんですよ、みんな「えぇーっ！」っておっしゃるんですけど。「対話は終わらない」って思ってるからそのときだけは終わる、っていうふうにしてるんです。つまり、その時間は終わるけれども、みんな問いがもう見えるようになっちゃってる。より変な魚とか、おもしろい亀とかがすごく見えるようになっちゃった。「えっ、えっ、えっ!?（見える……!）」って言いながらみんな帰っていくわけですよね、それぞれの日常に。「哲学が日常を侵食する」って私は言ったりするんですけど。もうそういう目になってるから……。

小泉 見えるんだ！　もう。

永井 見える（笑）。バスを待ってる間、電車に乗ってる間、お風呂に入ってる間でもいいんですけど、「あ！」って言って潜れるんですよね、たったひとりであっても。

小泉 そうだね。潜れる潜れる！　絶対に。

永井 潜って「これを誰かに言いたい、言葉にしたい」ってなったらまた集って言葉にして、でもそれもそこで完璧なわけじゃない。言葉にして、でもまたひとりで持ち帰って……みたいに、それがずっと続いていけるっていうところに嬉しさを感じているので、そのシュノーケリングのイメージってすごくしっくりきましたね、今。

小泉　　　「知る」っていうことって、知った瞬間に見えるし聞こえる
　　　　　ようになるじゃないですか。それがひとつずつ増えていって、
　　　　　見えるものや聞こえるものが増えていく感覚はありますよね、
　　　　　生きていく中でね。

永井　　　まさに。今、「論破」とか流行ってたりするかもしれないけど、
　　　　　それって他者を競争相手として見る原理、あるいは他者を
　　　　　脅威として見るスタンスだと思うんです。けど、対話はたぶ
　　　　　ん他者を協働相手とか助けてくれる人として見るので、ま
　　　　　た全然スタイルとして違うなと思いますね。

小泉　　　そうですね。あれ、なんで勝たなきゃいけないんですかね。
　　　　　例えばSNS上ってよくそういうことが起こったりするじゃ
　　　　　ないですか。攻撃し合ったりして。あれは楽しいのかなあ。

永井　　　本当にねえ。哲学対話だと私は〈お約束〉っていうのを3
　　　　　つするんですけど、ひとつ目が〈よく聞く〉なんですよ。対
　　　　　話って「いいことを話す」とか「たくさん喋る」とかそういう
　　　　　イメージがある人も、もしかしたらいるかもしれないですけ
　　　　　れども、そうじゃないんです。対話っていうのは、じつは「聞く」
　　　　　営みなんですよね。SNSってとても「聞けない」メディアだ
　　　　　と思うんですよ、構造としては。ぽんぽんぽんぽん、テキス
　　　　　トが続いていく。

小泉　　　そうかもしれないね。

永井　　　でも、対話は「しぶとく聞く」っていうことをやってみるので、
　　　　　「この人何を言いたいんだろう」とか「どう聞き取ろうとする
　　　　　んだろう」とか、あるいは「それどういうことですか？」って
　　　　　訊くのも大事にできる場っていうことでひとつ目のお約束
　　　　　があるんですね。ふたつ目が〈偉い人の言葉を使わない〉。
　　　　　「カントがこう言ってる！」とか「何々がこう言ってるんで正
　　　　　しいです！」終わり。とか。SNSでもよく見られると思うんで

すけど、そういうのをしないで、ままならなくてもいびつで
も自分の言葉で話してみる。最後が〈人それぞれにしない〉
っていうお約束なんです。「なんで生きてるんだろう」みた
いな問いについて考えたとして、「まあ人それぞれですよね」
って言うと終わっちゃうんですよね（笑）。

小泉　あははは！　終わっちゃいますよね。

永井　「人それぞれ」ってとても大切なんだけども、それはゴール
ではなくスタート地点にしましょうっていうお約束をしますね。
みんなで考えるってことをどうやって「場」として、まずつ
くれるかにすごく私は関心があって、そういうお約束をして
みたりしているのかもしれないですね。

小泉　でもそういう約束事があるからこそ、健全というか守られる
というかね、そんな気もしますもんね。きっと「私がこうい
うふうに感じている。で、あなたのように感じる人もいるんだ」
っていう、それだけの話だから「正解は私しか知らない」っ
て思っていいのかなって思ったりするんですけど。

永井　うんうんうん。まさにそうだと思いますね。

小泉　同じ所に行こうとしたって行けないですもんね、なかなかね。
だけどそのひとつのテーマに対して「こう思う人もいるし、
こう思う人もいる」っていうのは参考になるし、「そういうふ
うに思えば私もそうかもしれない」って思えたりもするかも。

訳のわからない世界でみつけた道しるべ

小泉　永井さんが哲学を学ぼうと思ったきっかけっていうか、子
どものころはどんな感じなんですか？

永井　10代のころは本当に世界が訳がわからなすぎて……世界
ってすごく訳わからなくないですか（笑）？

小泉　うんうん！　ふふふ。

永井　めちゃくちゃですよね。私はそれを「世界はボケてる」って言うんですけど。ツッコミ・ボケのボケなんですよ。「生まれたけど死にます」とか「水を飲みます」とか「水、何？」とか。「この私は私でないといけない」とか「友だちの人生を生きられません」とか。そういう、まあかっこよく言うともしかしたら「不条理」なのかもしれないけど、世界の謎みたいなものにとにかく戸惑っていて、それは言葉にならなかった。いらいらしたりもやもやしたりずっともがいていたんです。で、困ったなと思って、文学を読み漁ったんですね。そこに何か答えがあるだろうと期待して。でも、哲学の本に出合ったとき、「哲学は自分で考えるんだよ」っていうことが端的にぽんって書かれていて本当にびっくりしたんです。「えっ、この私が考えていいんだ!?」っていう。反対に言えば、私は自分で何かを考えていいなんて夢にも思ってなかったんですね。哲学対話に来られる方々にもそういう方がいるんです。「私が考えていいんですか？」「私の意見をみんな聞いてくれるんですか？」って。だから考えるっていうことから疎外されてたんですよね。

小泉　ああ、そっか。

永井　自分が哲学をするっていうことに少しだけ力をもらって、「あ、これせっかくだからやりたいな」と思って哲学科に入っていったっていうのが流れですね。

小泉　なるほど。自分が世界でもあるってことだもんね。自分が決めていくんだったら、自分の世界があって、それぞれの世界があって、それが大きな箱の中に入ってるっていう感じですもんね、きっとね。子どものころとか若いころに読んで、大切にしている本をひとつ挙げるとしたら何かありますか？

永井　　　私が哲学に目を開くきっかけになったのは、フランスの哲学者のジャン＝ポール・サルトルという人の『実存主義とは何か』っていうちょっといかつめのタイトルの本なんですけども。内容はとっても読みやすくて、簡単に言えば「世界っていうのは価値があらかじめあるわけじゃない、無である」と。「ただしそこに価値をあたえるのはあなただ」って書いてあったんですね。それにちょっとやられちゃって。「私が意味づけをしたり何かを考えるっていうことをしてもいいんだ」って思うきっかけになった本ですね。

小泉　　　へえ、サルトルってすごく昔の人でしょ？

永井　　　そうですね、たしか1905年生まれで……「時代のスーパースター」みたいな人ですね、「実存主義」という考えを打ち立てた。ノーベル文学賞も受賞して辞退してるんです。哲学者なんですけど小説家でもあり、戯曲も書き、評論もやり、雑誌もつくり、「行動する知識人」っていうように言われていて、「政治参加／engagement」っていう概念があるんですけど、政治的な発言もどんどんしていきましょうっていうようなことを臆さずに発言してた人で、人間としてもとても尊敬してますね。

小泉　　　へえ、読んだことがなかったです、サルトル。ちょっと私も

ジャン＝ポール・サルトル
『実存主義とは何か』

今度チェックしてみます。

永井　　チェックしてみてください。

「手のひらサイズの哲学」が、いい

小泉　　哲学対話の参加者っていうのはそれこそいろんな世代の方なんですか?

永井　　はい、そうですね。例えば町の喫茶店で哲学対話をしますってなると、もう中学生からおじいちゃんおばあちゃんまで参加したりしてものすごくおもしろいですね。

小泉　　へえ。ちょっと見てみたい感じがします。

永井　　そこでおこなう問い出しの時間が私は大好きで、人々が世界に対してどういう観点を持っているか、どういう切り口を持っているかってことが知れる時間なんですよ。「『自分が普段何を考えてるんだろう』ってことについて考える」っていう、じつは滅多に日常でやらないことをじっくりやるんですよ。昨日ちょうど哲学対話をしたんですけど、そこで出てきたのが「なんで"いい日記"を書きたいって思うんだろう?」っていう問いで。すごくいい問いじゃないですか?

小泉　　あはははは!　いいですね。

永井　　すっごくいいんですよね (笑)。私はこれを「手のひらサイズの哲学」って呼んでいて、哲学っていうと「愛とは」とか「死とは」とか、そういうのをやんなきゃいけないのかなって思うかもしれない。それもいいんですけど、私は人々の手のひらのサイズに収まるような、でも体温のあるような問いが大好きで、それを聞き取る時間を3、40分、結構丁寧に取るんですよ。「いい日記ってなんで書きたいと思うんだろう、日記に"いい"とかそもそもあるんだろうか」すごくいい問い

ですよね。「いい日記って、いつ"いい日記"になるんだろう? 書き終えたときなのか、10年後読み返してこれはいいなって思ったときなのか」とか「日記に嘘を書くってありなのかな?」とかいうようなことを、昨日ざわざわ考えたんですよね。

小泉　へえ、おもしろそう。

永井　あるいは福島県の浪江町っていう原発の被害がすごく深刻だった所の中学・小学校で私は外部講師をしてるんですけども、そこで中学生がぽつりと「自分はこの町が大好きだ、浪江町が大好きだ」と。まあもともと2万人ぐらい人口がいて今2千人いかないぐらいなので、まだまだ大変な地域なんですけど、でもとても大好きだと。なんだけれども、「自分はこの町を出たいと思う。なんでこの町が大好きなのに出たいって思うんだろう?」っていう問いを出したんですよ。グッときません?

小泉　はい、グッときます。

永井　そういう彼女のぽつりと出た言葉は、でも彼女だけのものじゃないんですよ。つまり「あなたのお悩み相談」みたいになってしまうのではなくて「あなたのために考えてあげるわ」っていう場なんじゃなくて、「でもそれって私の問いでもある」わけですよ。私だってすごく好きな場所がある、でも外を見てみたいって思うことはいくらでもあった。だから共有できるんですよね。そういう哲学の問いってみんなが集える問いなんですよ。「私、最近職場にこういう人がいてすごくいやなんです」じゃなくて、例えば「それでもいやな人と一緒に生きるには?」みたいな問いにするとみんなが参加できる。で、一緒に考えられる。そうすると問いの前で対等ですよね、みんな。

小泉　そうですね。

永井　っていう時間がたまらなく好きで、そうなると他世代でもで

きるおもしろさがありますね。

小泉　へえ。日本でも結構昔からやられていることなんですか？

永井　これは最近ですね、と言っても2000年ぐらいからですかね。まあ一説によると震災以降爆発的に増えたと言われているんです。2011年以降増えたと言われていて、もともと大阪大学の鷲田清一さんと研究のお仲間方がとても大切に育てられてきた営みで、この哲学対話自体は全世界で行われているんですね。「哲学カフェ」っていう名前でフランスで。

小泉　もういかにも、フランス（笑）。

永井　いかにもですよね、もう「誰もが哲学してる」みたいな。「知ってる知ってる。そういう街でしょ、パリって」みたいな。

小泉　もともとサンジェルマンのカフェはそういうイメージありますもんね、芸術家たちが集まって……みたいな（笑）。

永井　でもそれは、地域ごとのいろんな課題に合わせて変容してきたおもしろさがあるんですよ。例えばパリだったら、対話なんてもともとするから「じゃあ一般の人がもっともっと哲学できるにはどうしたらいい？」みたいな問題意識が始まりだと思うんですよ。だから、私の『『大丈夫』と思える場をどうやってつくればいいんだろう」っていうのだと、また違う問題意識だったりもして。単に「哲学がおもしろい」みたいなところが始まりかもしれなかったり、別のところでは「子どもも哲学ができるはずだ」っていうふうに考えたところからだったり。

小泉　子どもなんて、ちっちゃい子と喋ってるときにふっとすごいこと言ったりするじゃないですか。それこそ哲学的なこと言ったりするから、できますもんね。逆に子どもは得意な気がするっていうか。

永井　そうなんですよ。ねえ。「思考力育成」みたいな文脈がもと

もとだったみたいなんですけど、それはアメリカで発祥してとかいろんな所に出自があるんですね。それが日本にわっと入ってきて「哲学対話」っていうふうに大きな枠組みで呼ばれているのが最近かと思います。でも本当におっしゃる通り子どもっておもしろくて、問いが……。この間小学2年生の男の子が「正しくないことって悪いことなのかな」って。

小泉　言ったんですか！

永井　言ったんです。すごい問いですよね。「正しくない」と「悪いこと」ってイコールじゃないかもしれないんですよね。「すごいな！」って（笑）。いちいちびっくりしちゃいますね。

小泉　へえ。そういうみなさんの対話を見守りながら永井さんもそうやって気づくこともたくさんあるんですか？

永井　そうですね。私はファシリテーターとして入りますけど、特権的な立場で交通整理をするっていうよりは一緒に考える人としてそこにいたいなと思っていて。あえてこういう言い方をするならば「普通の人たち」、もしくは「無名の人たち」の哲学というものをたくさん聞き取りたいと思ったんです。「哲学書」っていったら有名な人、ニーチェやカントみたいな。大体男性で、おじさんとか、大学の先生だったりとかするんですけど、あえて言えばいわゆる無名の人、普通の人もみんな哲学してるんです、当たり前に。で、みんなめちゃ変なんです（笑）。変な理由、おもしろい理由を持ってるし、おもしろいことを考えてる。それを聞くともう、たまらない気持ちになるんですよね。これをどうにか残したいと思って自分は「書く」っていう作家の仕事にも自然と導かれていったと思いますね。

小泉　この『水中の哲学者たち』は、そういった方たちとの対話の

エピソードをエッセイとしてお書きになってる。

永井　そうなんです。自分としてはこれをある種の哲学書のつもりで書いて、私が人々と哲学をして書いたものなんですね。でも哲学書の一般的なイメージってもう「めっちゃ難しい」みたいな。

小泉　ね。そう思ってる人も多いし、私もそうです。「哲学って何？」ってそれこそ子どもにもし聞かれたら、「うん。……ちょっと待って、検索するから」みたいになっちゃうかもしれない。

永井・小泉　（笑）

永井　本当ですよね。「純粋理性批判！」とか「存在と時間！」とか、「やけにかっこいい」みたいになっちゃうので。まあそれはそれで大事なんですけど。ただ一方で哲学の入門書っていうつもりでもないし、私自身が哲学をしたときにこういうふうに書くしかなかった文体で書いていてエッセイ調なんですけれども、でも哲学って最近だと論文の形になっちゃうんですよ、書くとしたら。そうするとやっぱり普遍的に書かなきゃいけないし、人々が言った変なことだとか言い淀みとか戸惑いとか、そういったものを残せなかったんですよね。それならばこの文体で書こうと思って。だから読みやすさで言ったら、論文より全然読みやすいというか。

小泉　そうですよね、取っつきやすいというか。

永井　私は文学とか詩とか大好きで、穂村弘さんには帯に言葉を書いていただきましたけど、穂村弘さんが大好きなのでその影響を受けた文章となっております（笑）。

小泉　穂村さんが帯でこの『水中の哲学者たち』について「小さくて、柔らかくて、遅くて、弱くて、優しくて、地球より進化した星の人とお喋りしてるみたいです。」と。すてきな言葉。

永井　穂村さんってすごいですよね！　「おしゃべりしてるみたい」

って書いてくださったのがすごく嬉しくて、対話してるように捉えてくださったんですよね。「聞いてるみたいです」じゃなくて「おしゃべりしてるみたい」って書いてくださったんですよね、嬉しい。大好きです穂村さん。穂村さんと対談を何度かさせていただいたんですけど、これを悪口だと思ってる人がいるって言ってて、めちゃおもしろかったです。

小泉　ええ、なんで？

永井　なんか、「遅い！（怒）」みたいな（笑）。そんなこと書くわけないのになあ。

小泉　「小さくて、柔らかくて、遅くて、弱くて、優しくて」……それほめ言葉じゃないですかね。

永井　ね。それを悪口だと思ってる人がいたって言って笑ってましたけど。「『強い、速い、変身する！』って書けばよかったかなあ」って。

永井・小泉　あはは！

「問う」のことの難しさ

小泉　小さいときはお喋りするのが好きでしたか？　お喋りな子どもでしたか？

永井　あんまりですかね。私は対話活動をしてると言っているくせに、対話がもう大の苦手なんです。人と話すのも苦手で、言葉にするのもものすごく苦手で。まあお喋りは結構好きでしたけど、人前で喋るのは苦手だし。あんまり「なぜなぜ？」みたいな好奇心いっぱいの子どもでもなかったですね。

小泉　私もおとなしめで、それこそ3人姉妹の末っ子だったんですね。だから誰か大人に質問されるじゃないですか。例えば「今日子ちゃんはどんな食べ物が好きなの？」って聞かれて、

ちゃんと答えようと思って考えてると、答えられないと思って誰かが先に答えてくれちゃうんですよ。「みかんが好きだよねえ!?」「うん。みかん……好きです……」みたいな（笑）。

永井　あははは！　は～～、身に覚えがありすぎる～。私もそういう子どもでした、まさに。

小泉　あはははは！　そうですよね、なんかいちいち考えちゃう。即答できる人にすごく憧れたりしてました。「だってみかんも好きだしトマトも好きじゃん……？　で、ご飯も、おにぎりも好きなのに、なんでそんな0秒でみかん！　とか言えるんだろう」みたいな。

永井　本当にそうでした。「好きとは……!?」みたいな。

小泉　そうそうそう！　「好きって聞かれてるってことはいちばん好きなものを答えなきゃいけないのかな？　1個しかいけないのかな？」とか思ってるうちにもう時間がどんどん過ぎていく（笑）。全てにおいてそんな感じはありました。

永井　もう、親近感でいっぱいです。そうでした、そういう子どもでしたね。しかも自分であまり言葉を持てていなかったし、そういうことをしてもいいって思ってもみなかったから、や

っぱりいつもグズグズしてる子どもだったような覚えがありますね。

小泉　私はなかなかぱっと喋れないけど、機嫌が悪い子どもとは思われたくないからいつもすごくにこにこしてたんですよ（笑）。なので表情筋がすごく鍛えられて、のちにアイドルとしてデビューしたときに、「こんなところで表情筋が役に立つのか！」と思ったりもしたんですけど。

永井　涙が出そう……ああ〜、そうですね。でも哲学対話来られる方そういう方多いですね。でもじっくり待つんですよね、対話の時間って。なので「その人が黙っているっていうことは、考えているっていうふうに思いますね」って最初に言うんですよ。

小泉　あ、それはすっごく守られるでしょうね。

永井　「怖がらなくていいし、あなたの言葉に口を突っ込みません」と。「こうですか？」って問いかけるときはあるかもしれないけれども、「こう言いたいんでしょ？」とは絶対しないようにしてて。それはたしかに今、小泉さんがおっしゃった自分の子どものころの記憶がどこかに残ってるからだなって今気づきましたね。

小泉　いまだに質問されるのはすごく苦手で、とくに病院に行ったらいろんなことを聞かれるじゃないですか。「痛みはいつぐらいからですか？」「どんな感じで痛いですか？　ズキズキですか？」とか聞かれて「え、ズキズキ？　……ズキズキなのかがわからない‼」って。すごく困るんです。ああいう質問攻めがすごく苦手なんですよね。

永井　「問う」って、「怒られる」か「問い詰められる」かどっちかしかない社会というか環境に、私たちは生きてるなと思ってて。「なんでこんなことしたの？」もしくは「痛いんですか？　い

つからですか？　どんな痛みですか？」みたいな矢継ぎ早。でも「問う」ってきっともっと奥行きのあるもので、言葉が泉からぽこぽこって湧き上がってくるのを助けてくれるようなものであるはずだし、「問われる」って「問われるから語れる」っていうようなものであるはずなのに、そうじゃなくなってるのはなんとも切ないというか。だからもう少し「問う」っていうことを違う形でシェアできたらいいなってずっと思っているんですけれども。私最近、困窮者支援のボランティアをちょっとしたりとかもしてて、そこである方にお体の調子を聞く機会があったんですよね。そのときに人に問うということ、しかも「体調を問う」っていうことの言葉を自分が持ってないことに愕然としたんですよね。いきなり「大丈夫ですか？」って聞いちゃったんです。

小泉　　言っちゃいそう。

永井　　「大丈夫です」って言われちゃって、終わっちゃった……。もうどう聞いていいかわからなくて「いつから痛かったりとかする感じですか？」みたいなめちゃくちゃな質問をしてしまって、その方はふっと閉ざしてしまって。すごくショックだったんですね。「『問うが大事です』とか偉そうに喋ってるくせに、私こんな質問もできないんだ！」って。帰り道にずっとそのことを反芻してたときに、「あれ、私自分自身にすら『問う』っていうことをしてこなかった」と思ったんです。「私は大丈夫かな」とか「私は何を考えようとしてるのかな」という問いかけを、他者どころか自分にもしてなかった。だから下手なんですよね。「うわあ！」ってすごくショックで新宿から帰ったのを思い出しました。

小泉　　そうか、でもたしかに人に聞くとき、ね。

永井　　聞かれるのも聞くのも下手ですよね、私たちは。哲学対話

の問いでひとつ思い出したのが、「なんで子どもに『将来の夢は?』って聞いちゃうんだろう」っていう問いが。

小泉　ああ、「大きくなったら何になりたいの?」みたいな。

永井　「子どものころ、あれ聞かれるの大嫌いだったのに大人になったらそれを子どもに反射的に聞いてた、なんでなんだろう」っていう問いが出たことがあって、すごく印象に残ってるんですよね。私たちって尋ねるとか聞く、問うって、ほんと下手くそなんだって。

小泉　そうかもしれないね。それはたしかに自分に対してそうやって問うっていうことに慣れてないのかもしれないですね。

そもそも「対話」、したことある?

小泉　「質問に疲れる」っていうのはじつはたくさんの人が感じていないですかね?

永井　ほんとそうですね。小泉さんがそういう方だっていうのはものすごく多くの方に勇気をあたえていると思いますけど(笑)。だから「どうやったら安心して問う／問われるっていうことができる場がつくれるんだろう」っていうのも思うし。ねえ、どうやったらいいんでしょうね。

小泉　昔はもっとあったんでしょうね、地域の中でも。よく「井戸端会議」って言うけど、奥さんたちが集まっていろんな話をするとか。いろんな人が集う場所っていうのが今もあるんですかね?　私も子どものころとかいろんな人と話をしたなあとは思うんだけど、それこそ近所の誰かのお母さんとか。そうすると、「あ、うちのお母さんとは違うんだな」と思えたりとかいろんなことがあった気もするけどな。

永井　ああ、そうですね、たしかに。対話をするとか人々と集うって、

どう考えていいかわからないんですよ。私は対話がなんなのかずっとわからないんですね。だから探して開いてるんだなって思うんですけど。で、対話ってもしかして私たち1回も経験したことないのかもとすら思うんです。で、対話ってすごく馬鹿にされちゃう。それは政治的な意味でもそうだし「いやもっと現実見なよ」とか「対話って胡散臭いよね」とか言われちゃう。私も対話対話って言いながら、どこかで白々しい気持ちも持ってるんですよね。「嘘っぽいなあ」と思いながら、でも言うみたいな。そういうところを重ねていく中で「対話なんて意味ないよ」っていう言葉に対して、「じゃあ対話ってしたことあります?」って、「あるかな?　私たち」って、まあ問い詰めるというよりも「あったっけ!?　うちら」みたいに、考えたくなっちゃう。だからそれだったら試みてみるしかなくて、不完全でも対話っぽいものはたぶんいっぱいあるからそういう場をどうやったらつくれるんだろうとか、そういうことにずっと関心があるのかもしれないなあと。

小泉　そうだね。私20代のころから、自分より20、30上のお友だちがいて、よくお酒を一緒に飲んだりとかして。でその人たちってそれこそ団塊の世代の人たちだったりするから、全然自分とは違う時間を過ごしてきた人たちなんだけど、フランスに住んでた経験もあるから、お酒を飲みながらよくそういう対話っていうのが始まってたんです。だから知らない間に経験っていうか。「じゃあ自分にとっていちばん大切なものって何?　みんなで発表し合おう」みたいにワインとか飲みながら。ある人は「水。水がなければ私は生きるっていうことができないと思う、もう飲むのもそうだし洗濯だってそうだし、水がいちばん自分にとっては大切だと思う」って言ったり「友だち」っていう人がいたりして。私は「記憶」

って答えたんだと思うんです。「記憶がないと自分が誰だか分らなくなると思う」っていう感じで。

永井　へえ～！　すてき。すごい。「自分とは何か」ですね。

小泉　そうですね。そんなのを今思えば自然としてくれてたなというのを思い出しました。

永井　うわあ、それはすごく大切な記憶。私も「これ対話だったのかも」っていうのはたくさんあるんです。だから見たことがない、じつはあんまり経験したことのない対話っていうのはゼロからつくるってすごく難しくて。だからこそ私たちがこれまで歩いてきた道のりの中で「あれってそうだったんじゃないの？」みたいなものを指差していく。でそれに近いものをつくろうとするっていうことがやりたいことなのかもしれないって今お話聞いてて思ったんですよね。だからこそ、偉い人の言葉は使わないとか、それは逆に言えば「ここじゃいれない」と思ったことの裏返しだったりとか、「みんなが難しいこと言ってるけど何が何やら」みたいに私がずっと置いてかれてる感覚があったりとか、さっきのお話だと「速いスピードで問われ続けるっていうのはしんどいよな、じゃあゆっくりやる場にしよう」とか。そうやって日常の中にあるものをなんとか拾い集めてこれていると、ちょっとずつ近づけるのかもしれないなって思いますね。

小泉　若い人とかそれこそ自分のまわりのちっちゃい子とかと話すときに実験的にそういう話し方みたいなのをしたらおもしろそうだなって今ちょっと思ったりしてます。対話の真似事かもしれないけど、なんかゆっくり聞いてみるって。そうするとおもしろいことや答えが返ってきそう。

永井　嬉しい！　そうですね。ちょっとずつできるものだし、もしくはわざわざつくらないといけないものでもあるかもしれ

ないし。とはいえちょっとずつ、今日帰って例えばおうちの方とやってみるとかご友人とやってみるとかもできる。でもいきなり「やろうよ！」って言うと、「えっ、どうしちゃったの？」ってなるから、そこで私は言い訳として「哲学対話」っていう場所を使っているんですね。「哲学対話しようよ」って言うと「何それ？」って、「いや最近聞いたんだけど、なんかこういうのでやるらしいよ」なんて言って、「ちょっとやってみようよ」ってできるんですよ。対話をしに来るって結構なモチベーションじゃないですか。私毎回思いますもん、哲学対話、自分は行かないだろうなって思いながら開いて、「なんでみんな来るんですか」とか「よく来ますね!?」とか言うとみんな「えー!?」ってびっくりするんですけど。でもなんかふりをするというか、ちょっとしたイベントのふりをするとか、なんかちょっとゲームっぽい何かに見える、なんかそういうイベントっぽくする。

小泉　ああ、ゲームがあるんですよね？　子どものころに生み出した。「わたし、わたし」ゲーム。

永井　あの『水中の哲学者たち』の中にエピソードで書いてるんですが、まあこれは人と一緒にっていうよりは……。

小泉　ひとりでする。

永井　ひとりで勝手にやってる。小泉さんの夜眠れなくなるに近いんですけど、「私」っていうものに集中する。「私」って言ったときに、どこにフォーカスを当てるか、心なのか脳なのか手先なのか。体全体に意識をめぐらすことができるかとか、で「私」って言うと「あれ？　この私……あ、私って私なんだ、私ってなんでこの『私』なんだ？」みたいな問いの中に体を埋没させていく時間を「わたし、わたし」ゲームって呼んで、変な気持ちになったりしてたんですけど（笑）。

小泉　なんか私ちょっと近いことしてたかもしれないです、小さな
　　　ころ。寝てるときに自分の体を感じていく。頭から降りてい
　　　って足まで行くんだけど、「私の体って本当はもっと大きく
　　　ない?」って思って「心と体のサイズが合ってない!」とか
　　　思ったりしてたんですよね(笑)。

永井　ああ、いいなあ……。もう本当にグッときますね。そうなん
　　　ですよ、体ね。今この目の前に自分の手先があるけど、指先
　　　以上の先まで自分の体がある感じがする。

小泉　そうなの!　私の感覚ではここまで足があるはずなの、ベッ
　　　ドの先まで。だけど実際ないんだよね……みたいな。

永井　あります、そういうの。これすごく不思議なんですよね。な
　　　んでしょうね、自分の想定より大きい／小さいとか。もしか
　　　したらずれちゃうかもしれないけど大好きなのが、よく漫
　　　画のアニメ化で声優さんが決まったときに、「原作の声と違
　　　う」って言われることで、めちゃくちゃおもしろい、哲学的
　　　な言葉だと思ってて。「原作の声と違うって、何!?」って(笑)。
　　　「私の想定してるものと違う」っていうことだと思うんです
　　　けど、それってなんかそれ以上のことを言ってる感じがす
　　　るし、もしくは鎌倉の大仏ってご覧になったことありますか?

小泉　はい、あります。

永井　あれって想像より小さくないですか?

小泉　想像よりは小さいです。ふふふふ!

永井　そうなんですよね!　あれ意味わかんないですよね(笑)。
　　　想定してるものより大きいとか小さいとか、「じゃあその想
　　　定ってなんだよ」とか「その感覚何?」とか。いろんな哲学
　　　が日常の中に散らばってますね。

小泉　本当ですね!　ホ

ホントのナガイさんに一歩踏み込む
一問一答

口癖はなんですか?

「こわい」。こわがりです。いろんなものがこわくて、ふしぎで、哲学をしているのかもしれません。

好きなにおいは
どんなにおいですか?

ガムテープの匂い。子どものころは好きすぎて、一日中嗅いでいました。いまも好き。鼻に直接貼ったこともあります。

今までに言われて
嬉しかったことは?

高校生に「『(自分で) 考える』ということが、この世にあることを教えてくれてありがとう」と言われたこと。

好きなオノマトペは?

ぬるり。異質なものが自分にせまってくる感じの、気持ち悪さと、気持ちよさがあるから。

スマホのライブラリに
たくさんあるのはどんな写真?

好きなひとたちが、夢中でご飯を食べている姿の写真。

遊園地などの
好きなアトラクションは?

遊園地にほとんど行ったことがありません。きっとこわいところなのでしょう。

会話中の沈黙、平気ですか？

「沈黙は大事だから、無理に埋めようと
しなくていい」と哲学対話の参加者には
伝えますが、本当はこわい。

**飲食店などで隣の席の雑談に
聞き耳を立てることはありますか？**

今まさに聞き耳を立てています。みなさん、
お気をつけて。

**テレビやラジオなどに話しかけたり
リアクションしたりしますか？**

みんな、話しかけないんですか？

行きつけのお店はありますか？

大阪の釜ヶ崎にある、喫茶店のふりをし
ているココルーム。釜ヶ崎芸術大学とい
う別名もあります。

**別の職業を選ぶとしたら
何がやりたいですか？**

小さいころは速記者になりたかったです。
ひみつの言語を操っているように見えて、
かっこよかったから。

人生観を変えた作品は？

哲学をはじめるきっかけになってしまっ
た、サルトルの『実存主義とは何か』。

Practice the philosophical dialogue

コイズミさん、哲学対話をやってみた

永井さんがおこなう哲学対話の場では、まず「問い出し」の時間を設け、話し合う「問い」を決めます。3人がさまざまな「問い」を出し合った結果、今回は「『若い！』はほめ言葉なのか」について、対話をすることになりました。〈よく聞く〉〈自分の言葉で話す〉〈『人それぞれ』で終わらせない〉という約束のもと、哲学対話がスタートします。

おにぎりさん	猫さん	6さん
（永井玲衣さん）	（コイズミさん）	（蟹ブックス　花田菜々子さん）

問い：「若い！」ってほめ言葉？

永井　今日は「鳥」がいるんですけども、「よく聞く」ということをみなさんと
　　　しっかり味わうために、この鳥を持っている人がお話をします。鳥を持
　　　っている間は、その人の時間なので、いくらでも沈黙していいし、つっ
　　　かえてもいい。言葉が出てくるのをじっとみんなで待つための「鳥」です。
　　　話し終わったら、次の方に鳥が渡ります。

小泉　はい。

永井　最初にお名前をお聞きしたいのですが、これは本名ということではあり
　　　ません。哲学対話には本当にいろんな方が来られるので、本名とかお
　　　仕事とか、どういうつもりで来たとか、私は一切聞かないんです。代わ
　　　りに「この場で呼ばれたい名前」を聞いています。私は、今日は……「お
　　　にぎり」でいきたいと思います。響きがかわいいのと、このあと食べよ
　　　うかなと思っているので。こんなクオリティで大丈夫です（笑）。じゃあ、
　　　どうぞ。

花田　名前、誕生日が6月なので「6」でもいいですか？

永井　いいですね、6。ありがとうございます。

小泉　では私。名前……じゃあ私は「猫」で。

永井　ありがとうございます。今日は「おにぎり」「6」「猫」で、対話したいと
　　　思います。

おにぎり　では残り時間で「若いって何だ？」という問いについて、3人でお話しし
　　　ます。対話なので、自分にも誰かにも無理
　　　をさせない場を一緒につくる、とにか
　　　く急がない、聞き合う、いくらでも変
　　　わることを楽しむ。こういったこと
　　　をぜひ意識できればと思います。ま
　　　ず猫さんから、改めてこの問いの背

景と、今思ってることがあったらお聞きしてもいいですか。

猫　　　　　　はい。10代のころから人前で歌を歌っているんですけど、30歳前後から、お客さんからかかる声の中に「若い！」っていうのが入って来て「ん？」って思ったんです。「若い」っていうのをほめ言葉として、疑いなく言う人たちがすごく不思議で。年齢を重ねても若々しくいたいというのはわかるし、服装も「年を取ってるからこんな格好しなきゃいけない」とかにも反対だし。でも「若い」って言われたいがための行動になってしまったらまずいなってそのときすごく感じたんです。誰かにとっては、それがすごく呪いの言葉みたいになって、例えば整形手術が止まらなくなっちゃうとか、体型を保つためにご飯を食べなくなっちゃうとか、いろんな人が出てきてしまうだろうなって思ったりしているので、「若い」っていう言葉について考えることができたらなと思います。

おにぎり　　　ありがとうございます。ここからはもうフリーに、話したい人が鳥を取って話すという感じなんですけど。はい、6さんどうぞ。

6　　　　　　「若い」はやっぱり少し前まではほめ言葉として当たり前に流通していて、例えば私は44歳なんですけど、「44歳です」って言ったときに、仮に「いや、50歳ぐらいに見えました！」っていう人がいたら、「この人私に何か攻撃する理由があるのかな？」って思ってしまう気がするんですね。50歳に見えたっていう事実よりも、「私、何かいやなことしちゃったかな？」みたいに思う気がして。でも「30代に見えましたよ」って言われたら、嬉しいかどうかは微妙だけど「気を遣ってくれたのかな」「友好的に話しかけてくれたのかな」っていうふうに感じる世の中になってる気がするんです。ただ最近は「『若い』って言うのはどうなのか」みたいな風潮もあるので、まずあんまり年齢を聞かないし、自分が単純にすてきだなと感じたとしても、言いにくかったりもして、今すごく難しい言葉になってきてる気はします。でも、歌ってる猫さんを見て、そういうふうに言ってしまう人がいるのもわかる（笑）。本当に素直な感情で「すごい！」みたいな、憧れとか感嘆みたいな感じ

で言ってる人にも罪はないかな……とかも思いました。

猫　　　　はい。今、自分が言い終わってから、「私、先輩方に対して『お若いですね』とかかなり言っちゃってるな」ってことを思い出して胸がギュッとなりながら聞いてたんですけど（笑）。それをまず反省しつつ、でも、受け取る側がそれをどう受け取るかで、本当にその言葉が持つ力が変わっていくなと思ってて。例えば私が「若い」って言われたら「ありがとう！」って言ってるし、嬉しい言葉としても取れるけど、それを「キープしなくちゃ！」って思ってしまうかもしれないのが恐怖なんですよね。

おにぎり　　はい。「わー、若い！」って人に対して言うとき、私たちは何を言おうとしてるんだろうなってことをずっと考えてて。単に「若く見えますね」以上のことをもしかしたら言ってるのかもしれない。ものすごい速い球を投げる選手に向かって「すごい！」って言うみたいな。もちろんもともともすごいし、「すごく練習して、あんたすごいよ！」みたいな気持ちで、とっさに「若いですね」ってほめ言葉のつもりで言ってるのかな？　でも一方で猫さんのおっしゃるようにそれが呪いになるよなっていうのも思ってるし……そう、いろんな問いがいっぱい浮かんできておもしろいなと思って。ひとつはさっき言った「『若い！』って言ってるとき、どんなつもりなんだろう？」ってことと、もうひとつは、「若い！」の反対って何だろう？　「老い」なのか、もしくは「怠惰」みたいなことなのか。うーん！　もやもやしてます。以上です。

猫　　　　同じように反対側の言葉もSNSなどでよく投げかけられます。「キョンキョン老けたな」とか（笑）。両方投げかけられていますけど、でもたしかに「若いですね」って言ったときって、驚きとか尊敬とか、美しいものを見たときの気持ちにすごく似ているな。だから、容姿だけではなくて、笑顔だったり言葉だったり、エネルギーみたいなのがすごく感じられる人に対してとくに言っちゃってる気がします。自分より大人の、気持ちも世界とか社会の捉え方もアップデートされた人に会ったときとかに。もうひとつ進んで、それをほめたたえるすてきな言葉が見つかれば良さそう。

おにぎり	なるほど！　今、猫さんがおっしゃったことになるほどと思ったのは、価値観とか、容姿だけじゃないってのは本当にそうだなと思って、振る舞いとか態度とか言葉とか、考え方だったりとかも含めて「若いですね」とか「若々しい！」って言う気がしてて、でもそれに代わる言葉がないっていうのも本当におっしゃる通りで。……でも「アップデートされてますね！」って言ったらちょっと失礼すぎますよね！
一同	あははは！
おにぎり	どうしたらいいんだろう。「最新ですね」って言ったら「あんた誰!?」みたいな。
猫	「OS変えました？」とか（笑）。
おにぎり	あははは！　ちょっと……ねえ？　そしたら「じゃあ最新がいいのか」みたいな、そういう問いもまた出てくるから。
猫	「すてき」とか言えばいいんですかね。あっ、割り込んじゃった。
おにぎり	大丈夫、大丈夫。リアクションは大丈夫です（笑）。「すてき」とか、もう「好きです！」なのかな？　ただその「アップデートしてますね」が、失礼感が出るっていうことと、「若い！」みたいな言葉が私もちょっともやっとするのは、ジャッジしてるからなのかな。「どこ目線でそれを言ってるんだろう？」っていう感じがする。「アップデートしてますね」は如実で、自分はもうアップデートが終わってて、「あなたも、ちゃんとやってんじゃん！」みたいなふうに聞こえるのかな。だから変なのかな。
6	もしかすると、その「アップデートされてますね」みたいな意味の、いい言葉、例えば「新しい時代が似合ってますね」とか「今の感覚を持ってらっしゃいますね」みたいなそういう言葉が、「イケメンですね」みたいに簡単でわかりやすい一語で発明されたら、「若い！」も消えていく可能性があるかもしれないなと思いました。一方で、減っていくとは思うけど、「あの人、老けたな」って思って、それを何かに書き込んでしまうことっていうのは、みんながやめられない、それこそ呪いみたいなものでもあると思います。とくにアイドルの方とか、女性で美しさを売りにしてた方たちに対して「劣化」みたいなすごくいやな言葉でみんながジャッジするっていうのは、それ

だけ自分も気になっていたり劣等感があって、「こんなにきれいな人でも、ほらやっぱり老けてきたから、その人が圧倒的に勝ってたわけじゃないんだ、ざまあみろ」みたいな感覚があるんでしょうか。自分が勝てないと思ってた相手に何とか一矢報いたいっていうすごく醜い気持ち自体は、言葉が変わっても結局どこかで残る。でも「老い」そのものに対しての恐怖もあるのかなとか、いろいろ思いました。

猫　　　　私は40代を過ぎたときに、ここから先は折り返して死に向かっていくイメージを持とうと思ったんです。折り返して進むなら、来た道を今度はゆっくり楽しく歩きながら帰れるかななんて。肉体的には、どんどん変化していくのは抗えないことで、それがまっすぐだと退化していくような感じがして、どんどん悲しいことに向かっていくっていうか、衰える方に向かっていく感じ。だけど折り返しだったらこれは進化していくイメージを持てるんじゃないかなと思って乗り切ったことがあるんです。今57歳ですけど、すごくいろんなことが頭に入ってきて勉強ができるようになって、確実に昨日より今日の私のほうが何か進化してるような気がしているから、みんながそんなふうに捉えられれば、すてきなのになと思ったりもするんです。

おにぎり　今の猫さんの話を聞いて、さっき若いの反対は何だろうって問いを立てたときに「老い」っていうのがひとつありましたけど、「老い」って「熟達」とか「老練」とかにも近い言葉なんです。だから「若いね！」っていうときの言葉の反対にあるのって、老いではなくてじつは「衰えてる」とか「止まっている」とか「停滞している」とか、そういう類のことなんだろうなっていう気はしてきましたね。それを人にぶつけるっていうのはもう明らかな悪意で、「どの立場でジャッジをしとるんかい！」って思うんですよね（笑）。「若いね」って言われてもあんまり無邪気に喜べないのは、その反対が見えてるからで……。私、ちょっと疲れたらすぐぐったりするんですけど、

そのときに「老けた」とか言われたら、「それって悪いことなんだっけ?」「なんでそれを悪のように、明らかに下位のものとして言われなきゃいけないんだっけ?」っていうのも問いたくなるなと思いました。

6 さっき芸能人の方に「老けた」とか「劣化」とか言う人は悪意とかコンプレックスがあるっていう話をしたんですけど、その人がそのことだけ言ってるから、すごく下劣な感じの人に見えるけど、それも突き詰めて「あらゆる芸能人は年を取って劣化する、というかあらゆる人間がそうなる」って言ったら、ちょっと哲学っぽいなあ(笑)。

おにぎり・猫 あははは!

6 「なんで俺はそう指摘することを快楽のように感じてるのか、自分も老いている最中なのに」って思ったら、すごく哲学になるなと思って。みんな30代くらいになると、すごく楽しそうに「老い」の話をするじゃないですか。筆頭にあるのは「ラーメンのチャーシューが食べられなくなった」とか「徹夜ができなくなった」とか、昔はできたけど、できなくなったっていうので。やっぱり「老い」っていうワンダーに対して、みんながすごく興味を持っていて、単純に外見へのコンプレックスとかだけじゃなくて、生命の不思議の話をしているのかもなって思うんですよね。

おにぎり ああ! おもしろい。

6 「自分にこんなふうに体の変化を感じられる日が来ると思ってなかった」っていうのは多分全員が体験していて、それまでは子どもだから、まわりの人が言ってても、自分が「下り坂」になる日をやっぱり想像できなくて。それがやっと、「あ、自分もわかるときが来た!」ってなる、あれは喜びなんじゃないかなって思ったりもするんですよ(笑)。そういうことを考えてるときにステージにいる猫さんを見ると、「若い! そしてこのワンダーなんだろう?」って思ってるのかもしれないなって。

猫 ワンダーいいですね。ほめ言葉として(笑)。6さんの言うように、たしか

に20代後半ぐらいになってから、「いやもう若くないし！」って言うのが楽しかった時期、ありました（笑）。今30代の知り合いの子たちも「もう年だし」とか言ってるのが、大人になった感を出してるみたいで、すごくかわいく見えたりする。で、まわりの人が「いやそしたら私なんかどうなるのよ」みたいな、お決まりのやり取りがあって。

おにぎり・6　あはははは！

猫　　　そのちょっと先の世界に自分が近づいていることが嬉しいなって思う年頃のときってたしかにあった。でも一方で、そのぐらいから「衰えを絶対見せたくない！」ってぐわっと力が入ってきてる人も見かけて、そういう個人差がすごくあるような気がしますよね。

おにぎり　うんうん。それすごくわかって、「いやもう年だよ〜」みたいに大学生たちがキャーキャーしてるのって、食べられなくなるとか走れなくなるとかいうことの新鮮な喜びや驚きそのものだなって、今6さんの話を聞いて思って。実際に謙遜だけじゃなくてたしかにワンダーもあるんだろうなって。高校のときあんなに部活で動けてたのに「今できないんだ、すご！ 体って有限なんだ」っていう、「生命のワンダー」があるなって思いつつ。でも、食べられなくなった、起きられなくなったみたいな「体力の衰え系」はみんなわりと気軽に言うけど、避ける「衰え」があるような気がしてて、「自分はTikTokとかもうついていけないよ」みたいなのはわりとみんな簡単に言えるけど、「言えないもの、って思わされてるもの」がある気がしていて、それはやっぱり容姿とかになっちゃうのかな。とすると、ルッキズムの世界に私たちがいかに縛られてるのかっていうことを思わされたりもして。ある種選択的なワンダーをしてる気がしてきたかな……。まとまってなくてごめんなさい。

猫　　　私は体の変化なんかも十分いろいろ感じだしてる年頃ですけど、そういう話を同世代とは話せても、自分より若い人に言うのは、よっぽど信頼してないと、傷つきそうみたいな感じはあるのかもしれないなと思ったりしますね。だから私もよくそういうことしちゃうんですけど、親しい若い子には、わざと「ババアはすごいから。こんなことが起こるかね、

ババアには！」とか言ってみたり（笑）。「じつはね……」って感じで言うと向こうにとっても重いし。だけど「なんとなく知っておいてもらったほうがいいかな」みたいなときには、そんな言い方をして乗り越えたりしてます。年齢を経てる私たちの意識をまず変えないといけないのかもなっていう気がしてきてて、「今の年齢だからこんなことができる、こんなことがわかる。こんなふうにあなたに接せられる」みたいな、すてきなところをわかってもらえるようにするといいのかも。今からこっちに歩いてくる人たちも、きっと不安もいっぱいあるんだろうし。だから「劣化」とか「老けた」とか「ババア」とか言うのかもしれないな、なんて。実際自分が接した先輩たちで「こんなふうにそこに行けたらすてきだな」って思う人にもいっぱい出会ってきたから、「『若い』ってことが嬉しいこと」じゃなくて「57歳の私が若いと言われることは、わりと嬉しいよ。だけど、私は君たちよりもっとじつは楽しいこと知っているよ」って見せてあげられればいいのかなと思いました。

6　　　私はすごくまわりに影響されやすいタイプなので、10代ぐらいのころからずっと「年を取っても、こんなにすてきな人でいられる可能性もあるんだ」っていう、憧れることができる存在を探してるところがあります。「自分もその方向で年を取っていけばいいのか」っていうお手本が欲しいんですね。だから、猫さんみたいな少し上の世代の方が楽しそうだったり、自分らしく生きていたりっていうのは、本当にいろんな人の励みになると思っていて。その人たちが年を取るゆえの良さとか、年を取ったから良かったことっていうのを発言してくださったらすごく嬉しいと思うとともに、「自分も40代だから、それを10代とか20代の人に伝えるっていうのは、既にもう自分の仕事なのか」っていう気もして。でも、例えば「年を取ることが本当に楽しみです！」みたいな言葉には欺瞞が……。

一同　　あははははは！

猫　　　たしかに。

6　　　「嘘だろ」みたいな（笑）。難しいですよね。「恐怖」とか「いやだな」っていう気持ちは絶対誰にでもある、だけどいやなことばっかりではない。

っていうのをバランス良く自分の不安を笑いに変えたり、誰かと共有したりとかしてやっていけたら、そんなにネガティブにならずに済みそう。

おにぎり　おふたりは、おうちに動物います？

猫　　　　はい。猫が。

6　　　　鳥です。

おにぎり　動物に「若いね」って言います？

6　　　　ああ……絶対言わないな。

おにぎり　昨日お会いした方が「猫飼ってるんです」って言うので、「いいですね、おいくつですか？」って聞いたら「21歳です」って言われて、すごく長生きだと思うんですけど、それがどのくらいのことなのか、知識がないとわからなくて、みんな「えっ……！」って言って、終わったんです（笑）。何のリアクションも取れなかった、あれはすごくいい「えっ！」だったなと思って。人間だったら、「若い」とか「元気ですね、まだまだ」とかにスライドしちゃうんですけど、それが猫だったから、「えっ……」って言って黙って、みんな急にお茶に手をのばして、なんかもやもやってしたんですよ。

猫・6　　　あはははははは！

おにぎり　それぐらいでも、もしかしたらいいのかなと思って。人間も「永井さんおいくつですか？」「32です」「はあ！」みたいなのでいいのかも（笑）。6さんの鳥はおいくつなんですか。

6　　　　鳥……4歳ぐらいかな。

おにぎり　はあ！

一同　　　あはははは！

6　　　　たしかに。おもしろい！　ここで「若い〜、見えない」って言われたら……めちゃくちゃ「意味わからん！」ってなるし、「はい!?」ってなりますね。

おにぎり・猫　あはははははは！

6　　　　今、聞いて思ったのは「そう言わないと収まらないような場」に思ってしまうというか、自分から求めてる人もいるなって。例えばおばあちゃんの「私ね、もう80だから！」は、「これどう考えても『え、見えないです。

お若い！』待ちのやつだな」っていうのもあるから（笑）。でもそれはコミュニケーションでもあって、そんなに嫌悪したり、「そういうことするな」って言う必要もない。「寒いですね」と同じひとつの挨拶というか。……でもやっぱりそういうことから自由になっていくためには、80のおばあさんが待ってたとしても無慈悲に「うん……」って。

おにぎり・猫　あはははは！

6　そこを崩していく楽しさは、あっていいのかなっていうのは、思いますね。

猫　そういう「お若い待ち」みたいな人には「かっこいいですね！」とか、全然違う言葉を投げかけてみたらどんなふうになるのかな。「やりますねえ！」とか（笑）。そういうふうに違う言葉をいろいろ試してみたい気がしました。

おにぎり　「あっぱれ！」とか。

猫　「すご！」とか。試してみてもいいかも。私もときどき聞いてしまうけど、年齢を聞きたがる、あれってなんなんだろうとも思ったり。聞いたからといって言葉遣いもべつに変わらないんだけど「なんで私はこの人に対して年齢を聞きたいと思ったんだろう？」っていうのも、考えるともやっとします。

おにぎり　……はい。では時間が来たので、哲学対話は急に終わります。まとめません。最後、猫さんの問いでぽつりと終わったのがすごくすてきで。問いで始まって問いで終わっていくんですけど「なんで人の年齢が気になっちゃうんだろう」っていう問いが、読者のみなさんにも開かれたまま終わると思いますし、我々にも残ると思うので、またお会いできたときに続きをしましょう。あるいはまわりでしてください。ありがとうございました！

猫・6　ありがとうございました！　おもしろかった〜！

蟹ブックス店長・花田菜々子さんから
おすすめの1冊！

哲学対話を終えたコイズミさんと永井さん、そしてあなたに、
花田さんがおすすめの本を1冊ずつ選びました。

コイズミさんにおすすめの1冊

岡田育『我は、おばさん』

「若い」の対義語は「おばさん」なのかもしれません。少なくとも数十年の
歴史の中で「おじさん」はときにいいものでもあったりするのに「おばさ
ん」は圧倒的な蔑称として使われてきました。そんな嘲笑の文化を鋭く批
評・分析しながら、「おばさん」についての小説や映画を例に、私たちがよ
りよく生きられる道を照らし出してくれる1冊。

永井玲衣さんにおすすめの1冊

小林武彦『なぜヒトだけが老いるのか』

対話の中でおにぎりさんが言っていた「動物に『若いですね』とは言わない」
というお話にまさにぴったりの本。生物学的観点から見たヒトが老いる意味、
種の中にシニアがいると種全体が有利になる理由など、老いを違う角度
から見つめることができます。これを読んだ後に「若い」という褒め言葉
に立ち戻ってみると、なんだが頭がバグを起こしますが……。

あなたにおすすめの1冊

小泉今日子『小泉放談』

ファンの方はすでにご存じかもしれませんが、未読の方のためにあらためて。
小泉さんが50歳を迎えたことを機に、少し先輩のお姉さんたちと歳の取
り方について対談をされている本です。でもお話のすべてがほんとうに
楽しくてエネルギッシュで、私がちょうど30代で「40歳になるのは嫌だ〜」っ
て不安を感じていたときに出合って読んで、すごく救われました！

ホントのコイズミさんに一歩踏み込む
一問一答

口癖はなんですか？

「なんか」 言葉の間に「なんか」が、くっついてしまう。「なんかそんな感じ」「なんか嬉しかった」「なんかわからないけど」など。慎重に喋っている時に特に。

好きなオノマトペは？

にゃんにゃん
猫がこの世の生き物の中で一番好きだから。

好きなにおいは
どんなにおいですか？

猫の匂い。日向ぼっこした後の猫の匂いは格別です。抱っこして背中の辺りに鼻を突っ込んで嗅ぎます。

スマホのライブラリに
たくさんあるのはどんな写真？

猫の写真と曇り空の写真とBTSの写真。

今までに言われて
嬉しかったことは？

先日、LiveでのMC中に、20歳の若者（男子）に「昭和のアイドルの中で一番好き！」と言われました。不思議な嬉しさがありました。

遊園地などの
好きなアトラクションは？

お化け屋敷。子供の頃は恐怖で大泣きしていたのですが、今は克服してしまい、お化けに負ける気がしないので勇ましい気持ちで臨めます。スピード系や激しいのは苦手。

会話中の沈黙、平気ですか？

親しい人なら平気。親しくない人だったらどうでもいいことを喋りまくりそうです。

飲食店などで隣の席の雑談に
聞き耳を立てることはありますか？

それ、大好物なんです。昔からあるような喫茶店の常連さんらしき方々の会話が一番面白いです。

テレビやラジオなどに話しかけたり
リアクションしたりしますか？

もちろん！　泣いたり、笑ったり、きゃーと言ったりします。主に、韓国ドラマや韓国スターに反応します。動物も好きなので動物にも反応します。

行きつけのお店はありますか？

ペットのコジマ（猫のゴハン、トイレ関係を購入）　ベジウエスト（八百屋さん）
ピーコック（スーパー）

別の職業を選ぶとしたら
何がやりたいですか？

漁業か農業、林業も興味あります。第一次産業に子供の頃から興味がありました。自然と関わりながら生産する厳しさと楽しさを味わってみたい。

人生観を変えた作品は？

全ての大島弓子作品　物語や言葉や絵の世界は私の血となり骨になっている感覚なのです。

あとがき

「NarrativeとStoryの違いとは」まずは検索してみました。「ストーリー」は、物語の内容や筋書きを指すそうで、登場人物を中心に起承転結が展開されるため、聞き手や語り手が介在しないもの。「ナラティブ」は、語り手となる話者自身が紡ぐ物語。変化し続ける物語には完結はありません。

ほーぅ、人生はナラティブなんだわ。一人一人が紡ぐ壮大な未完結の物語。例えば砂時計。1秒1秒時間の砂がサラサラと落ちてゆく。落ちた砂の山が1時間、1日、数ヶ月、数年と、どんどん大きくなっていくけど、最終的にどのくらいの大きさになるのか誰も知らない。

うわぁー、思ったよりも大きくなっている。私、この重さを支え切れるか？　と怖くなることもあるかも。そしたらひっくり返しちゃえ！　また小さな山から始めればいいのだ。

人と話すこと、すなわち対話は砂時計をひっくり返すチャンスをくれるんだなとこの本を作りながら思いました。

2023年12月某日
小泉今日子

小泉今日子（こいずみ・きょうこ）

神奈川県生まれ。1982年「私の16才」で芸能界デビュー。以降、歌手・俳優として、舞台や映画・テレビなど幅広く活躍。2015年より代表を務める「株式会社明後日」では、プロデューサーとして舞台制作も手掛ける。文筆家としても定評があり、著書に『黄色いマンション 黒い猫』（スイッチ・パブリッシング／第33回講談社エッセイ賞）、『小泉今日子書評集』（中央公論新社）など多数。2021年4月より約2年半の間、Spotifyオリジナル・ポッドキャスト番組『ホントのコイズミさん』にてパーソナリティを務める。

写真
土屋貴章
大人計画（p38）

題字
玉置周啓（p79,81,82）

協力
大人計画、菅 友和、二宮夕季、藤山のぞみ、鮫島愛、桝谷美貴、笠原桃華、渡辺葉奈、渡邊里紗

ホントのコイズミさん　NARRATIVE

2024年2月4日　第1刷発行

編著	小泉今日子	校正	聚珍社
デザイン	尾原史和 大橋悠治（BOOTLEG）	印刷・製本	株式会社シナノ JASRAC 出 2308526-301
発行者	常松心平		

©Kyoko Koizumi , 303BOOKS 2024
Printed in Japan
ISBN 978-4-909926-31-9
NDC914.6　159P

発行所　303BOOKS 株式会社
　　　　〒261-8501　千葉県千葉市
　　　　美浜区中瀬1丁目3番地
　　　　幕張テクノガーデンB棟11階
　　　　TEL. 043-321-8001
　　　　FAX. 043-380-1190
　　　　https://303books.jp/

編集　西塔香絵